Gleisberechnungen

mit Tabellen

und

aus der Praxis entnommenen zahlreichen Beispielen

bearbeitet

von

A. J. Susemihl,

Betriebsinspector,

z. Z. Vorsteher der Bauinspection der Hinterpommerschen Bahn zu Stargard.

Mit 57 Figuren auf 5 lithographirten Tafeln.

Springer-Verlag Berlin Heidelberg GmbH 1879

Additional material to this book can be downloaded from http://extras.springer.com

ISBN 978-3-662-39103-7 ISBN 978-3-662-40086-9 (eBook)
DOI 10.1007/978-3-662-40086-9

Vorwort.

Das vorliegende Handbuch ist in erster Linie für den praktischen Gebrauch geschrieben und enthält aus diesem Grunde nur solche Gleisberechnungen, welche in der Praxis verwerthet werden können. Bei der Behandlung des Stoffes ist der Verfasser bemüht gewesen, den Umfang des Buches so viel als möglich einzuschränken, damit die für den praktischen Gebrauch erforderliche Uebersichtlichkeit gewahrt würde. Es ist ferner eine ganz besondere Rücksicht darauf genommen, dass das Werk auch Technikern, welche nur geringe mathematische Kenntnisse besitzen oder der mathematischen Wissenschaft während ihrer praktischen Thätigkeit entfremdet sind, leicht verständlich ist. Aus diesem Grunde sind den entwickelten Gleichungen stets aus der Praxis entnommene bestimmte Aufgaben beigefügt. Da es mit Rücksicht auf den Zweck des Buches darauf ankam, möglichst einfache Gleichungen zu entwickeln, so sind, so oft es angänglich erschien, Näherungswerthe eingeführt; es hat hierdurch namentlich die Berechnung der Curven-Ausweichungen, welche sonst äusserst complicirt ist, auf einfache Weise gelöst werden können. —

Im Speciellen sei noch auf die Berechnung der Ausweichungen hingewiesen. Die meisten Handbücher, welche diesen Gegenstand behandeln, nehmen entweder gar keine oder nur geringe Rücksicht darauf, dass die berechneten Ausweichungen ohne Anwendung von Hauschienen construirt werden können, es pflegt gewöhnlich der Radius der Weichencurve gegeben und die Länge der Ausweichung berechnet zu werden. Die vom Verfasser aufgestellten

Berechnungen gehen in erster Linie davon aus, dass die Länge der Ausweichung auf Grund leicht aufzustellender Tabellen den zur Verfügung stehenden Schienenlängen und den übrigen Bedingungen entsprechend als bekannt angenommen und der Radius der Weichencurve berechnet wird. Man erreicht hierdurch noch den Vortheil, dass die Anwendung von Näherungsgleichungen gar keine Bedenken hat, denn wenn beispielsweise die Näherungsgleichung einen Radius von 203 m., die mathematisch genaue Gleichung dagegen einen Radius von 204 m. ergeben würde, so hätte diese Differenz für die Praxis gar keine Bedeutung, da die nach beiden verschiedenen Radien abgesteckten Curven in der Ausführung zusammenfallen werden.

Auch darauf glaubt der Verfasser hinweisen zu müssen, dass die Berechnung der Gleise in Form von Contrecurven eingehend behandelt ist, während dieser Theil in ähnlichen Werken meistens ganz unberücksichtigt geblieben ist.

Der Verfasser spricht schliesslich allen Eisenbahn-Verwaltungen, welche ihm zu der Tabelle über Maasse ausgeführter Ausweichungen, die ein besonderes Interesse bieten dürfte, die erforderlichen Angaben gemacht haben, seinen verbindlichsten Dank aus.

Stargard in Pommern
im September 1878.

A. J. Susemihl.

Inhalt.

Seite

Einleitung 1

ERSTES KAPITEL.

Gleiskrümmungen.

I. Einfache Curven 2

II. Contrecurven 4

a) Zwischen parallelen Gleisen 5

b) Zwischen nicht parallelen Gleisen 9

III. Einschaltung gerader Gleisstücke in eine Curve 15

a) Einschaltung gerader Gleisstücke als Theile einer Sehne 16

b) Einschaltung gerader Gleisstücke als Tangenten . . 18

ZWEITES KAPITEL.

Ausweichungen.

I. Allgemeines 21

II. Gerade Ausweichungen 25

III. Symmetrische Ausweichungen 36

IV. Curvenausweichungen 40

V. Englische Ausweichungen 51

DRITTES KAPITEL.

Verbindungsgleise der Ausweichungen.

I. Allgemeines 56

II. Verbindungsgleise bei Endausweichungen 57

A. Beide zu verbindende Gleise seien gerade 57

1. Gerade Verbindungsgleise 57

2. Einfach gekrümmte Verbindungsgleise 57

Seite

a) Beide zu verbindende Gleise seien parallel . 57

b) Beide zu verbindende Gleise seien nicht parallel 58

3. Verbindungsgleise in Form einer Contrecurve . 59

B. Beide zu verbindende Gleise seien concentrisch gekrümmt 61

1. Das innere Gleis sei das durchgehende 61

2. Das äussere Gleis sei das durchgehende . . . 63

a) Gerade Verbindungsgleise 63

b) Gekrümmte Verbindungsgleise 63

III. Verbindungsgleise bei Zwischenausweichungen 65

A. Beide zu verbindende Gleise seien gerade 65

1. Gerade Verbindungsgleise 65

2. Einfach gekrümmte Verbindungsgleise 66

3. Verbindungsgleise in Form einer Contrecurve . 68

a) Die Hauptgleise der Weichen seien parallel 68

b) Die Hauptgleise der Weichen seien nicht parallel 70

B Beide zu verbindende Gleise seien concentrisch gekrümmt 73

IV. Weichenstrassen 75

A. Gerade einfache Weichenstrasse 75

B. Verkürzte Weichenstrasse 75

C. Gekrümmte Weichenstrasse 79

VIERTES KAPITEL.

Gleisanlagen bei Drehscheiben 82

Anhang. Tabellen 87

Einleitung.

In den allgemeinen Entwürfen für Gleisanlagen wird jedes Gleis nur durch eine Linie dargestellt; für die Ausführung der einfachen Streckengleise genügt ein solches Projekt, da nach der Mittellinie die Gleise vollständig ausgerichtet werden können und die für die Krümmung der Gleise erforderlich werdenden Berechnungen sich nur auf die Mittellinie beziehen.

Die Aufstellung von Bahnhofsprojecten erfordert ausserdem noch Detaillirungen, bei deren Berechnung ausser der Gleismittellinie namentlich die durch die Schieneninnenkanten (Fahrkanten) bestimmten Linien berücksichtigt werden müssen.

Die nachfolgenden Berechnungen, welche sich auf Gleiskrümmungen, Ausweichungen und Gleisanlagen bei Drehscheiben beziehen, gehen dem Vorstehenden nach theils von der Gleismittellinie theils von der Linie der Schieneninnenkanten aus. Von den Gleiskrümmungen sind vorzugsweise nur die Contrecurven behandelt worden; über Abstecken von Curven und Uebergangscurven s. Curventabellen von Sarrazin und Overbeck*).

*) Alle diejenigen, welche die Eisenbahntechnik aus der Praxis noch nicht kennen, verweise ich zunächst auf das von mir herausgegebene „Handbuch des Eisenbahnbauwesens."

Der Verfasser.

ERSTES KAPITEL.

Gleiskrümmungen.

I. Einfache Curven.

§. 1. Die Trace einer Bahn besteht zunächst nur aus graden Linien, deren Verlängerungen sich in den Winkelpuncten schneiden. Die verschiedenen Richtungen dieser geraden Linien vermittelt man durch Kreisbögen, welche so eingelegt werden, dass die geraden Linien sie tangiren. Die Entfernung dieser Berührungspuncte vom Winkelpunct (Tangente), welche auf beiden Schenkeln des Winkels gleich gross ist, ist abhängig von der Grösse des Winkels und von der Grösse des Radius der einzulegenden Curve. Die gegenseitigen Beziehungen dieser 3 Grössen, Tangenten-Winkel, Tangente und Radius, zu einander ergeben sich aus Fig. 1; es ist danach $\frac{R}{T} = tg\,\frac{\delta}{2}$. Aus dieser Gleichung ist, wenn 2 Grössen gegeben sind, die dritte Grösse zu berechnen. Gewöhnlich wählt man indessen eine Gleichung, in welcher nicht der von den Geraden eingeschlossene Winkel δ, sondern dessen Ergänzungswinkel ε vorkommt, nämlich die Gleichung:

$$(1) \qquad \frac{T}{R} = tg\,\frac{\varepsilon}{2}.$$

In dieser Gleichung ist meistens ε und R gegeben also $T = R\,.\,tg\,\frac{\varepsilon}{2}$. Der Winkel wird mit Hülfe des Winkelmessinstruments entweder direct gemessen oder, wenn der Winkelpunct unzugänglich ist, nach Messung zweier Hülfswinkel (ξ und η) an zugänglichen Puncten (Fig. 1) berechnet.

Ist ein Winkelmessinstrument nicht zur Hand, so kann man die Tangentenlänge mit Hülfe der Messkette auf folgende Weise bestimmen (Fig. 2):

Man setze auf den Schenkeln des Ergänzungswinkels ε eine beliebige Länge $ac = bc$ ab und messe die Entfernung der Puncte a und b sowie c und d von einander, dann ist wegen Aehnlichkeit der bezüglichen Dreiecke

(2) $$\frac{T}{R} = \frac{ad}{cd} \text{ also } T = R \cdot \frac{ad}{cd}.$$

Es sei z. B. $ad = 4$ m. und $cd = 20$ m. gemessen, so ist, wenn der Radius der einzulegenden Curve 200 m. betragen soll:

$$T = 200 \cdot \frac{4}{20} = 40 \text{ m.}$$

Nach Fig. 2 ist auch $\measuredangle\, \varepsilon$ mit Hülfe der gemessenen Grössen einfach zu berechnen, nämlich

(3) $$\frac{ad}{ac} = \sin \frac{\varepsilon}{2}.$$

Die Tangentenpuncte der Curve sind dem Vorstehenden nach zu bestimmen, den Scheitelpunct e (Fig. 3) der Curve findet man durch die Gleichungen:

(4) $$ce = R\left(\sec. \frac{\varepsilon}{2} - 1\right) \text{ oder}$$

(5) $$ad = af = R \cdot \sin \frac{\varepsilon}{2} \text{ und } de = ef = R\left(1 - \cos \frac{\varepsilon}{2}\right).$$

Die speciellere Absteckung der Curven sowie der Uebergangscurven s. Curventabellen von Sarrazin und Overbeck.

§. 2. Statt des Radius ist häufig eine Bedingung für die Lage der Curve gestellt, durch welche die Krümmung der Curve bestimmt ist. Es werde beispielsweise verlangt, dass die Curve um ein bestimmtes Maass von einem Gebäude entfernt bleibe (Fig. 4).

In diesem Fall sind die Coordinaten a und b des Punctes, durch welchen die Curve gehen soll, und der Tangentenwinkel gegeben, T und R dagegen zu berechnen. Es lassen sich zwei Bedingungsgleichungen aufstellen:

$$R^2 = (T - a)^2 + (R - b)^2 \text{ und } \frac{T}{R} = tg\, \frac{\varepsilon}{2}.$$

Aus der ersten Gleichung erhält man

$$T^2 - 2a\, T - 2b\, R = -a^2 - b^2$$

in diese Gleichung den aus der zweiten Bedingungsgleichung für R sich ergebenden Werth, $R = T \,.\, \operatorname{cotg} \frac{\varepsilon}{2}$, eingesetzt giebt

$$T^2 - 2T\left(a + b \operatorname{cotg} \frac{\varepsilon}{2}\right) = -a^2 - b^2$$

nach T aufgelöst:

$$(6) \quad T = a + b \operatorname{cotg} \frac{\varepsilon}{2} \pm \sqrt{a^2 + b^2 \operatorname{cotg}^2 \frac{\varepsilon}{2} + 2ab \operatorname{cotg} \frac{\varepsilon}{2} - a^2 - b^2}.$$

Von den Vorzeichen des Wurzelausdrucks gilt das positive. Ist T ausgerechnet, so ergiebt sich R aus der zweiten Bedingungsgleichung.

Beispiel (s. Fig. 4).

Die Lage der Ecke eines Gebäudes sei durch Coordinaten, deren Anfangspunct der Winkelpunct ist, bestimmt, und zwar sei die Abscisse = 168 m., die Ordinate = 44 m., der Tangentenwinkel $\delta = 150^0$, also $\measuredangle\, \varepsilon = 30^0$.

Die einzulegende Curve soll mit Rücksicht auf die gesetzlichen Bestimmungen über Errichtung von Gebäuden in der Nähe von Eisenbahnen so gewählt werden, dass die Gleismitte von der Ecke des Gebäudes 40 m. entfernt bleibe.

Mit Bezug auf Gleichung 6 ist $a = 168$ m., $b = 44 - 40 = 4$ m. und $\frac{\varepsilon}{2} = 15^0$ also

$$T = 168 + 4 \operatorname{cotg} 15^0 +$$
$$+ \sqrt{168^2 + 4^2 \operatorname{cotg}^2 15^0 + 2 \,.\, 168 \,.\, 4 \,.\, \operatorname{cotg} 15^0 - 168^2 - 4^2} =$$
$$= 168 + 14{,}928 + \sqrt{28224 + 222{,}845 + 5015{,}808 - 28224 - 16}$$
$$= 182{,}928 + \sqrt{5222{,}653} = 255 \text{ m.} = T.$$

$$R = \frac{T}{tg \frac{\varepsilon}{2}} = \frac{255}{0{,}268} = 952 = R.$$

II. Contrecurven.

§. 3. Curven, die kurz auf einander folgen und in entgegengesetztem Sinne gekrümmt sind, nennt man Contrecurven. Jede Verbindung durch Contrecurven muss stets so construirt werden, dass zwischen den beiden Gegenkrümmungen des Gleises eine

Gerade von angemessener Länge liegt. Die nachfolgenden Berechnungen sollen sich nur auf die bei Gleisanlagen vorzugsweise vorkommenden Contrecurven beziehen, bei denen beide Gleisrichtungen parallel sind oder sich unter einem stumpfen Winkel schneiden und die Tangentenwinkel der Curven ebenfalls stumpf sind. Bei den vorkommenden quadratischen Gleichungen ist daher stets nur eine Wurzel angegeben und zwar diejenige, welche der eben genannten Bedingung entspricht.

α) Zwischen parallelen Gleisen.

§. 4. Wie aus Fig. 5 ersichtlich handelt es sich um Feststellung der Grössen der Radien (R und r), der Tangenten (T und t), der Geraden g, des Winkels δ und der Entfernung der entgegengesetzten Tangentenpuncte $= l$ bei gegebenem Abstand der parallelen Linien $= h$. In der Regel wird $R = r$ und daraus folgend auch $T = t$ sein; der Vollständigkeit wegen sollen indessen auch die Formeln für verschiedene Radien und Tangenten entwickelt werden.

1. Gegeben h, g, T, t
zu berechnen $\measuredangle\ \delta$, R und r.

Es folgt ohne Weiteres aus der Fig. 5:

$$\sin \delta = \frac{h}{T + t + g}; \quad R = \frac{T}{tg \delta}; \quad r = \frac{t}{tg \varepsilon}$$

und hieraus für $T = t$:

$$\sin \delta = \frac{h}{2T + g} \tag{7}$$

$$R = r = \frac{T}{tg \delta} \tag{7a}$$

2. Gegeben h, g, R, r
zu berechnen $\measuredangle\ \delta$, T, t.

Aus Fig. 5 ergiebt sich mit Hülfe der punctirten Linien:

$$h = R - R \cos \delta + g \sin \delta + r - r \cos \delta =$$
$$(R + r) \cos \delta - g \sin \delta = R + r - h.$$

Diese Gleichung ist durch Einführung eines Hülfswinkel φ aufzulösen, der so bestimmt wird, dass $tg \varphi = \frac{g}{R + r}$, also $g = (R + r)\ tg \varphi$ ist; dies für g eingesetzt giebt:

$$(R + r) \cos \delta - (R + r)\ tg \varphi \,.\, \sin \delta = R + r - h$$

jedes Glied der Gleichung mit $\cos \varphi$ multiplicirt, giebt:

$$(R + r) \cdot (\cos \delta \cdot \cos \varphi - \sin \delta \cdot \sin \varphi) = (R + r - h) \cdot \cos \varphi$$

da $\cos(\varphi + \delta) = \cos \delta \cdot \cos \varphi - \sin \delta \cdot \sin \varphi$ ist, so folgt:

$$(R + r) \cos(\varphi + \delta) = (R + r - h) \cdot \cos \varphi$$

also
$$\cos(\varphi + \delta) = \frac{(R + r - h) \cos \varphi}{R + r}$$

in dieser Gleichung ist nur δ unbekannt, also leicht zu berechnen. Für $R = r$ ist:

$$\text{(8)} \qquad \cos(\varphi + \delta) = \frac{(2R - h)}{2R} \cdot \cos \varphi \quad \text{dabei ist } tg\, \varphi = \frac{g}{2R}.$$

Die Tangentenlängen findet man nach Gleichung 1.

Will man die Einführung eines Hülfswinkels vermeiden, so kann man die Aufgabe auf folgende Weise lösen. Es sei $R = r$ also auch $T = t$ angenommen.

Nach Fig. 5 ist $T = R\, tg \frac{\delta}{2}$ und $h = (2T + g) \sin \delta$, daraus folgt:

$$h = \left(2R\, tg \frac{\delta}{2} + g\right) \sin \delta.$$

Diese Gleichung wird am einfachsten so umgeformt, dass man den Sinus des Winkels durch die Tangente des halben Winkels ausdrückt; es ist bekanntlich

$$\sin \delta = \frac{2\, tg \frac{\delta}{2}}{1 + tg^2 \frac{\delta}{2}};$$

dies eingesetzt giebt:

$$h = \left(2R\, tg \frac{\delta}{2} + g\right) \cdot \frac{2\, tg \frac{\delta}{2}}{1 + tg^2 \frac{\delta}{2}} \quad \text{oder}$$

$$h + h\, tg^2 \frac{\delta}{2} = 4R\, tg^2 \frac{\delta}{2} + 2g\, tg \frac{\delta}{2} \quad \text{oder}$$

$$tg^2 \frac{\delta}{2} (4R - h) + 2g\, tg \frac{\delta}{2} = h.$$

Löst man diese quadratische Gleichung nach $tg \frac{\delta}{2}$ auf, so erhält man:

$$\text{(9)} \qquad tg \frac{\delta}{2} = \frac{-g + \sqrt{g^2 + 4Rh - h^2}}{4R - h}.$$

Beispiel.

Ein gerades Gleis müsse auf der Strecke an einer Stelle seitwärts parallel um 3 m. verschoben werden. Für die einzulegende Contrecurve sind Radien = 2000 m. bestimmt, während die Gerade zwischen den Gegenkrümmungen möglichst kurz aber den technischen Vereinbarungen entsprechend sein soll.

Es ist also zunächst gegeben $h = 3$ m. und $R = 2000$ m., g wird auf folgende Weise ermittelt. Nach § 3 der technischen Vereinbarungen soll zwischen den Ueberhöhungsrampen der äusseren Schienen zweier entgegengesetzten Curven eine gerade Strecke von mindestens 10 m. liegen; die Länge der Ueberhöhungsrampen ergibt sich nach § 17 der technischen Vereinbarungen zu 200 . 20 = 4000 mm. = 4 m., wenn man die dem Radius von 2000 m. entsprechende Ueberhöhung des äusseren Schienenstranges auf 20 mm. annimmt; hieraus folgt $g = 4 + 10 + 4 = 18$ m. Zur Berechnung des $\measuredangle\ \delta$ soll Gleichung 8 angewandt werden. Zunächst ist $\measuredangle\ \varphi$ und $\cos \varphi$ zu bestimmen.

$$tg\,\varphi = \frac{g}{2\,R} = \frac{18}{4000} = 0{,}0045,$$

daraus folgt $\measuredangle\ \varphi = 15'\ 28''$, also $\cos \varphi = 0{,}99999$, also rund $= 1$.

$$\cos(\varphi + \delta) = \frac{2\,R - h}{2\,R} = \frac{3997}{4000},$$

daraus $\measuredangle\ (\varphi + \delta) = 2^0\ 13'\ 10''$, also $\delta = 1^0\ 57'\ 42''$.

Berechnen wir δ nach der Formel 9 so erhalten wir $\delta = 1^0\ 58'\ 34''$, eine Uebereinstimmung, die mit Rücksicht auf die kleinen Winkel genügt. Für die Ausführung können wir genau genug $\delta = 1^0\ 58'$ annehmen. Nach Gleichung 1 ist $T = R\ .\ tg\frac{\delta}{2}$ $= 2000\ .\ 0{,}01716 = 34{,}32$ m. Aus Fig. 5 ergiebt sich $l = 2\,T + \cos\delta\,(2\,T + g) = 68{,}64 + \cos 1^0\ 58'\ (86{,}64) = 155{,}23$ m. Die zur Absteckung erforderlichen Grössen sind sonach bekannt.

3. Gegeben h, g, l und die Bedingung $R = r$, also auch $T = t$
zu berechnen T, R, $\measuredangle\ \delta$.

Nach Fig. 5 ist

$$\sin\delta = \frac{h}{2\,T + g} \text{ und } l = 2\,T + \frac{h}{tg\,\delta}.$$

Diese letzte Gleichung ist so umzuformen, dass man die

Tangente des Winkels durch den Sinus des Winkels ausdrückt. Bekanntlich ist

$$tg\,\delta = \frac{\sin\delta}{\sqrt{1-\sin^2\delta}},$$

dies eingesetzt giebt

$$l = 2\,T + \frac{h\,.\,\sqrt{1-\sin^2\delta}}{\sin\delta}.$$

Setzt man in diese Gleichung den Werth von $\sin\delta = \frac{h}{2\,T+g}$ ein und löst dann die Gleichung nach T auf, so erhält man

(10) $$T = \frac{l^2 - g^2 + h^2}{4\,(l+g)}.$$

Ist T bekannt, so findet man $\measuredangle\ \delta$ aus Gleichung 7 und demnächst R aus Gleichung 1.

Beispiel.

Auf einer Station (Fig. 6) soll zwischen dem 2. und 3. Gleis ein Zwischenperron angelegt und zu diesem Zweck die Gleisentfernung von 4 m. auf 6,5 m. vergrössert werden. Die erforderliche Contrecurve soll erst am Uebergang beginnen, damit derselbe unverändert bleiben kann. Vor dem Empfangsgebäude, welches 60 m. vom Uebergang beginnt, soll die neue Gleisentfernung bereits vollständig vorhanden sein. Es ist festzustellen, ob unter den angegebenen Bedingungen die Construction einer Contrecurve, deren Radien mindestens = 300 m. und deren Gerade 10 m. betragen soll, möglich ist; event. sind die zur Ausführung erforderlichen Grössen zu berechnen.

Da $h = 2{,}5$ m, $g = 10$ m. und $l = 60$ m. gegeben sind, so lässt sich die Aufgabe nach Gleichung 10 lösen. Danach ist

$$T = \frac{l^2 - g^2 + h^2}{4\,(l+g)} = \frac{3600 - 100 + 6{,}25}{4\,(60+10)} = 14{,}025 \text{ m}.$$

Nach Gleichung 7 ist $\sin\delta = \frac{h}{2\,T+g} = 0{,}0657$, hieraus ergiebt sich $\measuredangle\ \delta = 3^0\,46'$.

Nach Gleichung 1 ist

$$R = \frac{T}{tg\,\frac{\delta}{2}} = \frac{14{,}025}{tg\,1^0\,53'} = 426{,}5 \text{ m}.$$

Es folgt hieraus, dass sich die Anlage in der gewünschten Weise ausführen lässt.

b) Zwischen nicht parallelen Gleisen.

§. 5. Etwas umständlicher ist die Berechnung der Contrecurven, welche zur Verbindung nicht paralleler Linien eingelegt werden. Wir unterscheiden 2 Fälle:

I. Contrecurven, bei denen der eine Endpunct auf dem einen Schenkel des Winkels (ac), der andere Endpunct auf der Verlängerung des zweiten Schenkels (bc) liegt (Fig. 7); hierzu rechnen wir auch den Fall, wenn der eine Endpunct mit dem Winkelpunct (c) zusammenfällt.

II. Contrecurven, bei denen auf jeden der beiden Schenkel (ac und bc) ein Endpunct liegt (Fig. 8). Die nachfolgenden Gleichungen passen für beide Fälle, nur ist im letzten Fall die Entfernung vom Winkelpunct bis zum nächsten Tangentenpunct (v) negativ zu nehmen; umgekehrt ist, wenn die Rechnung ein negatives v giebt, daraus zu ersehen, dass der letzte Fall vorliegt.

Für die Berechnung ist stets gegeben der Winkel, unter dem sich die beiden Gleiseinrichtungen schneiden, also auch der Ergänzungswinkel $= \varepsilon$, ferner die Lage mindestens des einen Endpuncts der Contrecurve.

§. 6. Es bezeichne v die Entfernung vom Winkelpunct bis zum nächsten Tangentenpunct, u die Entfernung vom Winkelpunct bis zum entgegengesetzten Endpunct der Contrecurve. Bei Aufstellung der Gleichungen soll zunächst zur Erleichterung P resp. p (Fig. 7) eingeführt werden, während in die Schlussgleichung die Werthe derselben und zwar $P = u\,tg\,\varepsilon$ und $p = v\,tg\,\varepsilon$ eingesetzt werden.

1. Gegeben $\measuredangle\ \varepsilon, v, g, T, t$
   zu berechnen $\measuredangle\ \delta, R, r,$ und die Entfernung u des nicht gegebenen Endpuncts der Contrecurve von dem Winkelpunct (Fig. 9).

Aus dem Sinussatz folgt direct:

$$\text{(11)} \qquad \sin\delta = \frac{v + t}{T + t + g} \,.\, \sin\varepsilon, \quad \text{ebenso:}$$

$$\text{(12)} \qquad u = \frac{\sin(\delta + \varepsilon)}{\sin\delta} \,.\, (t + v) + T.$$

Die Grössen der Radien ergeben sich jetzt aus Gleichung 1.

2. Gegeben $\measuredangle\ \varepsilon, u, g, T, t$
   zu berechnen $\measuredangle\ \delta, R, r, v.$

Aus dem Sinussatz folgt direct:

(13) $$\sin(\delta+\varepsilon)=\frac{u-T}{T+t+g}\cdot\sin\varepsilon,$$ ebenso:

(14) $$v=\frac{\sin\delta}{\sin\varepsilon}\cdot(T+t+g)-t.$$

3. Gegeben $\measuredangle\,\varepsilon,\ v,\ g,\ R,\ r$
zu berechnen $\measuredangle\,\delta,\ T,\ t,\ u$ (Fig. 10).

Die punctirten Linien ergeben folgende Gleichung:

$$r\cdot\cos\delta=(r-p)\cos\varepsilon+(R-R)\cos\delta+g\sin\delta,$$

hieraus folgt:

$$(R+r)\cos\delta-g\sin\delta=R+(r-p)\cos\varepsilon.$$

Um diese Gleichung nach δ aufzulösen führt man wie bei §. 3, 2 einen Hülfswinkel φ ein, der so bestimmt wird, dass $tg\varphi=\frac{g}{R+r}$, also $g=tg\varphi\,(R+r)$ ist; dies für g eingesetzt giebt:

$$(R+r)\cos\delta-(R+r)\,tg\varphi\cdot\sin\delta=R+(r-p)\cos\varepsilon.$$

Wird jedes Glied der Gleichung wieder mit $\cos\varphi$ multiplicirt und dann die Gleichung geordnet, so erhält man:

$$\cos(\varphi+\delta)=\frac{[R+(r-p)\cos\varepsilon]\cdot\cos\varphi}{R+r}.$$

Für $R=r$ und $p=v\cdot tg\varepsilon$ ist

(15) $$\cos(\varphi+\delta)=\frac{[R(1+\cos\varepsilon)-v\cdot\sin\varepsilon]\cdot\cos\varphi}{2R},$$

dabei ist $tg\varphi=\frac{g}{2R}$.

Die Berechnung der übrigen unbekannten Grössen erfolgt nach dem früher Gesagten.

Beispiel (Fig. 11).

Es seien ac und bc die Richtungen zweier Gleislinien, die in einander übergeführt werden sollen. Die Curve kann aus irgend einem Grunde erst in dem Puncte d der Verlängerung von bc beginnen und sei $cd=v=10$ m. Die Radien der Contrecurve sollen gleich sein und zwar jeder $=1000$ m.; die Gerade ist zu 30 m. anzunehmen. Wo muss die Contrecurve auf der Linie ac beginnen und wie gross sind die Tangentenlängen zu wählen? $\measuredangle\,acb=170^0$.

Die Aufgabe ist mit Hülfe der Gleichung 15 zu lösen. Es ist $\varepsilon=10^0$, $g=30$m.; $R=r=1000$ m. und

$$tg\varphi = \frac{g}{2R} = \frac{30}{2000} \text{ und daraus } \varphi = 51'\,34'',$$

$$\cos(\varphi + \delta) = \frac{[R(1 + \cos\varepsilon) - v \,.\, \sin\varepsilon]\cos\varphi}{2R} =$$

$$= \frac{1983{,}07 \,.\, \cos 51'\,34''}{2000}, \text{ daraus } (\varphi + \delta) = 7^0\,30'\,30'',$$

also $\delta = 7^0\,30'\,30'' - 51'\,34'' =$ rund $6^0\,39'$, also $\delta + \varepsilon = 16^0\,39'$.

$$t = Rtg\left(\frac{\delta + \varepsilon}{2}\right) = 1000\; tg\, 8^0\,19'\,30'' = 146{,}33 \text{ m.}$$

$$T = R \,.\, tg\,\frac{\delta}{2} = 1000\; tg\, 3^0\,19'\,30'' = 110{,}84 \text{ m.}$$

Nach Gleichung 12 ist

$$u = \frac{\sin(\delta + \varepsilon)}{\sin\delta} \,.\, (t + v) + T$$

$$= 386{,}80 + 110{,}84 = 497{,}64 \text{ m.}$$

4. Gegeben $\measuredangle\, \varepsilon,\ u,\ g,\ R,\ r$

zu berechnen $\measuredangle\, \delta,\ T,\ t,\ v$ (Fig. 12).

Die punctirten Linien ergeben folgende Gleichung:

$$R \,.\, \cos(\delta + \varepsilon) = (R - P)\cos\varepsilon + r - r\cos(\delta + \varepsilon) + g\sin(\delta + \varepsilon)$$

hieraus folgt:

$$(r + R)\cos(\delta + \varepsilon) - g\sin(\delta + \varepsilon) = r + (R - P)\cos\varepsilon,$$

wird $g = tg\varphi\,(r + R)$ gesetzt, so erhält man nach dem früheren Verfahren:

$$\cos(\varphi + \delta + \varepsilon) = \frac{[r + (R - P) \,.\, \cos\varepsilon] \,.\, \cos\varphi}{r + R}$$

und für $r = R$ und $P = utg\varepsilon$

$$\textbf{(16)} \quad \cos(\varphi + \delta + \varepsilon) = \frac{[R(1 + \cos\varepsilon) - u\sin\varepsilon] \,.\, \cos\varphi}{2R},$$

dabei ist $tg\varphi = \frac{g}{2R}$.

Die Berechnung der übrigen unbekannten Grössen ergiebt sich aus dem Vorhergehenden.

Beispiel (Fig. 13).

Neben einem Güterschuppen S liegt ein Ladegleis, welches mit einer an der Ecke des Schuppens beginnenden Curve in die Richtung ca führt. Der Schuppen soll nach dieser Seite hin möglichst verlängert werden und zwar so weit, als das Ladegleis in gerader Linie weiter geführt werden kann. Die Verlängerung des Ladegleises ist durch die Bestimmung begrenzt, dass eine von a aus abgehende Contrecurve in das Ladegleis einmünden soll. Die Radien der Contrecurve sollen 200 m., die Gerade 10 m. lang sein. $ac = 150$ m.; $bc = 45$ m.; $\measuredangle\, acb = 165^0$. In welcher Entfernung von der Güterschuppenecke wird die Contrecurve in das verlängerte Ladegleis einmünden?

Bei Lösung der Aufgabe findet Gleichung 16 Anwendung.

$$R = 200 \text{ m.}; \measuredangle\, \varepsilon = 180 - 165 = 15^0;$$

$$tg\,\varphi = \frac{g}{2R} = \frac{10}{400}, \text{ daraus } \measuredangle\, \varphi = 1^0\, 25'\, 56'',$$

$$\cos(\varphi + \delta + \varepsilon) = \frac{[R\,(1 + \cos\varepsilon) - u \sin\varepsilon] \cos\varphi}{2R}$$

$$= \frac{354{,}36 \,.\, \cos 1^0\, 25'\, 56''}{400}, \text{ daraus}$$

$$\measuredangle\, (\varphi + \delta + \varepsilon) = 27^0\, 40'\, 20''$$

$$\measuredangle\, \varphi = 1^0\, 25'\, 56''$$

also $$\measuredangle\, (\delta + \varepsilon) = 26^0\, 14'\, 24''$$

$$\measuredangle\, \varepsilon = 15^0$$

also $$\measuredangle\, \delta = 11^0\, 14'\, 24''$$

$$t = R \,.\, tg \frac{\delta + \varepsilon}{2} = 47{,}59 \text{ m.}$$

$$T = R \,.\, tg \frac{\delta}{2} = 19{,}68 \text{ m.}$$

und nach Gleichung 14:

$$v = \frac{\sin\delta}{\sin\varepsilon} \,.\, (T + t + g) - t = 58{,}18 - 47{,}59 = 10{,}59 = cd,$$

also $$bd = bc + cd = 55{,}59 \text{ m.}$$

Wäre in dieser Aufgabe z. B. ein Radius = 300 m. gefordert, so hätte die Rechnung den Werth von v negativ ergeben, d. h. der Tangentenpunct d hätte seine Lage zwischen c und b erhalten (s. Fig. 8).

5. Gegeben $\measuredangle\, \varepsilon$, v, u, g und die Bedingung $R = r$ zu berechnen $\measuredangle\, \delta$, R, T, t (Fig. 14).

Es bezeichne V die Länge der Verbindungslinie beider Curvenmittelpuncte, a und b die Entfernung von den beiden äussersten Tangentenpuncten bis zum Schnittpunct der verlängerten Radien und w die Länge der Verbindungslinie zwischen beiden Endpuncten der Contrecurve.

Die Grössen a, b und w ergeben sich aus der Fig. 13 und zwar ist

(17) $$a = \frac{u - v \,.\, \cos \varepsilon}{\sin \varepsilon}$$

(18) $$b = \frac{u \,.\, \cos \varepsilon - v}{\sin \varepsilon}$$

(19) $$w = \sqrt{u^2 + v^2 - 2\,uv \,.\, \cos \varepsilon},$$

es können also diese 3 Werthe als bekannt angesehen werden.

Nach Fig. 13 ist

$$V^2 = g^2 + 4R^2 \text{ und}$$

$$V^2 = (b + R)^2 + (a - R)^2 - 2\,(b + R) \,.\, (a - R) \,.\, \cos \varepsilon$$

hieraus folgt

$$g^2 + 4R^2 = (b + R)^2 + (a - R)^2 - 2\,(b + R) \,.\, (a - R) \,.\, \cos \varepsilon.$$

Durch Auflösen der Klammern und Ordnen der Gleichung erhält man:

$$R^2 + R\,(a - b) \,.\, \left(\frac{1 + \cos \varepsilon}{1 - \cos \varepsilon}\right) = \frac{a^2 + b^2 - 2\,ab \cos \varepsilon - g^2}{2\,(1 - \cos \varepsilon)}$$

Aus der Figur folgt: $a^2 + b^2 - 2\,ab \cos \varepsilon = w^2$, dies eingesetzt:

$$R^2 + R\,(a - b) \,.\, \left(\frac{1 + \cos \varepsilon}{1 - \cos \varepsilon}\right) = \frac{w^2 - g^2}{2\,(1 - \cos \varepsilon)}.$$

Berücksichtigt man nun dass

$$\frac{1 + \cos \varepsilon}{1 - \cos \varepsilon} = \operatorname{cotg}^2 \frac{\varepsilon}{2} \text{ und } 1 - \cos \varepsilon = 2 \sin^2 \frac{\varepsilon}{2}$$

ist, so erhält man durch Auflösung der Gleichung

(20) $$R = \frac{b - a}{2} \,.\, \operatorname{cotg}^2 \frac{\varepsilon}{2} + \frac{1}{2} \sqrt{\frac{w^2 - g^2}{\sin^2 \frac{\varepsilon}{2}} + (a - b)^2 \,.\, \operatorname{cotg}^4 \frac{\varepsilon}{2}}$$

$\measuredangle\, \delta = \measuredangle\, \xi - \measuredangle\, \eta$ und zwar ergiebt sich direct aus der Figur:

(21) $$tg\, \xi = \frac{(a - R) \sin \varepsilon}{b + R - (a - R) \cos \varepsilon} \text{ und}$$

(22) $$tg\, \eta = \frac{g}{2R}.$$

T und t werden nach Gleichung 1 ermittelt.

Beispiel. (Fig. 15.)

Auf einem Bahnhof (theilweise Situation s. Fig. 15) soll ein Gleis, dessen Richtung das Gleis AB in k schneidet, über c hinaus bis d geradlinig verlängert und von d aus durch eine Contrecurve mit der im Gleis AB anzulegenden Weiche, deren Mittelpunct mit f bezeichnet ist, verbunden werden. Der Endpunct c der Contrecurve, welche gleiche Radien und 10 m. Gerade erhalten soll, ist so anzunehmen, dass die Länge $of = 40$ m. beträgt. Die Richtung der über o gehenden Herzstück-Geraden schneidet das zu verlängernde Gleis in c so, dass $cd = 30$ m. ist; die Richtung des zu verlängernden Gleises schneidet das Gleis AB in k so, dass $\measuredangle\ \mu = 12^0$ und $kf = 100$ m. ist. Wie gross sind der Radius und die zugehörigen Tangenten?

$\measuredangle\ \varepsilon = \measuredangle\ \mu - \measuredangle\ \alpha = 12^0 - 5^0\,42'\,38'' = 6^0\,17'\,22''$; $v = 30$ m. ist direct gegeben; $u = oc$ ist aus Dreieck fck zu berechnen, es ist

$$fc = fk\,\frac{\sin\,(180 - 12)^0}{\sin\,\varepsilon} = \frac{100\,.\,\sin 12^0}{\sin 6^0\,17'\,22''} = 189{,}8 \text{ und}$$

$$oc = fc - fo = 189{,}8 - 40 = 149{,}8 = u.$$

Nach Gleichung 17 ist

$$a = \frac{u - v\,.\cos\varepsilon}{\sin\varepsilon} = \frac{149{,}8 - 30\,.\,\cos 6^0\,17'\,22''}{\sin 6^0\,17'\,22''} = 1095{,}3 = a.$$

Nach Gleichung 18 ist

$$b = \frac{u\,.\cos\varepsilon - v}{\sin\varepsilon} = \frac{149{,}8\,.\cos 6^0\,17'\,22'' - 30}{\sin 6^0\,17'\,22''} = 1085{,}5 = b.$$

Nach Gleichung 19 ist

$$w = \sqrt{u^2 + v^2 - 2uv.\cos\varepsilon} = \sqrt{149{,}8^2 + 30^2 - 2.149{,}8.30.\cos 6^0\,17'\,22''}$$

daraus $w^2 = 14406{,}1$ und $w = 120{,}03$.

Nach Gleichung 20 ist

$$R = \frac{b-a}{2}\,.\,\mathrm{cotg}^2\,\frac{\varepsilon}{2} + \frac{1}{2}\sqrt{\frac{w^2 - g^2}{\sin^2\frac{\varepsilon}{2}} + (a-b)^2\,.\,\mathrm{cotg}^4\,\frac{\varepsilon}{2}}\,.$$

Durch Einsetzen der bekannten Werthe erhält man:

$$\frac{b-a}{2}\,.\,\mathrm{cotg}^2\,\frac{\varepsilon}{2} = \frac{1085{,}5 - 1095{,}3}{2}\,.\,\mathrm{cotg}^2\,3^0\,8'\,41'' = -\,1623{,}6$$

$$\frac{w^2 - g^2}{\sin^2\frac{\varepsilon}{2}} = \frac{14406{,}1 - 100}{\sin^2 3^0\,8'\,41''} = 4754570,$$

$$(a-b)^2\,.\,\mathrm{cotg}^4\,\frac{\varepsilon}{2} = (1095{,}3 - 1085{,}5)^2\,.\,\mathrm{cotg}^4\,3^0\,8'\,41'' = 10545600$$

also $\quad R = -\,1623{,}6 + \frac{1}{2}\sqrt{4754570 + 10545600} = 332{,}15.$

Nach Gleichung 21 ist:

$$tg\,\xi = \frac{(a-R)\sin\varepsilon}{b + R - (a-R)\cos\varepsilon} = \frac{763{,}15\,\sin 6^0\,17'\,22''}{1417{,}65 - 763{,}15\,.\cos 6^0\,17'\,22''},$$

daraus $\measuredangle\ \xi = 7^0\,13'\,40''$.

Nach Gleichung 22 ist:

$$tg\,\eta = \frac{g}{2R} = \frac{10}{664{,}3} \text{ daraus } \measuredangle\,\eta = 51'\,40'',$$

also

$$\measuredangle\,\delta = \xi - \eta = 6^0\,22' \text{ und}$$

$$\measuredangle\,\delta + \varepsilon = 12^0\,39'\,22''.$$

$$T = R\,tg\,\frac{\delta}{2} = 332{,}15\,tg\,3^0\,11' = 18{,}47.$$

$$t = R\,tg\,\frac{\delta + \varepsilon}{2} = 332{,}15\,tg\,6^0\,19'\,41'' = 36{,}83.$$

III. Einschaltung gerader Gleisstücke in eine Curve.

§. 7. Die Einschaltung gerader Gleisstücke in eine Curve wird namentlich erforderlich, wenn Ausweichungen in gekrümmte Gleise verlegt werden sollen. Man kann zwar Ausweichungen auch ohne diese Einschaltung in gekrümmte Gleise verlegen und hat dies häufig gethan, doch bringt die Herstellung und Unterhaltung solcher Ausweichungen manche Schwierigkeiten mit sich, so dass man in der Regel nur im äussersten Nothfall von denselben Gebrauch macht. Die Geraden werden entweder als Theile einer Sehne oder als Tangenten der Curve construirt. Schaltet man eine Gerade als Theil einer Sehne ein, so wird der Uebergang beiderseitig durch eine Curve von kleinerem Radius vermittelt (s. Fig. 16); schaltet man dagegen eine Gerade als Tangente ein, so wird die Wiedereinführung der Geraden in die Curve durch eine Curve von kleinerem Radius, an welche sich eine zweite Gerade anschliesst, vermittelt (s. Fig. 18). Vielfach wird man bei dem Einlegen von Weichen in gekrümmten Gleisen statt einer längeren Geraden für die ganze Ausweichung zwei gerade Gleisstücke (für die Weiche und für das Herzstück) construiren und dieselben durch eine Curve verbinden; legt man in solchem Fall die beiden Geraden als Theile einer Sehne ein (s. Fig. 17), so wird die Verbindungscurve zweckmässig aus dem Mittelpunct der Hauptcurve construirt; legt man dagegen die beiden Geraden als Tangenten ein, so wird die Verbindungscurve aus einem besonderen Mittelpunct mit kleinerem Radius construirt (s. Fig. 18).

a) Einschaltung gerader Gleisstücke als Theile einer Sehne.

§. 8. Einschaltung einer Geraden. (Fig. 16.)

$R =$ Radius der Hauptcurve.
$r =$ Radius der Anschlusscurven.
$g =$ Länge der einzuschaltenden Geraden.
$h =$ Abstand der Sehne AN von der Geraden.
$s =$ grösster Abstand der Sehne AN von der Hauptcurve.
$\measuredangle\ \mu =$ Centriwinkel der Anschlusscurve.

1. Gegeben R, r und g (Fig. 16).

Aus der Figur ergiebt sich direct

(23) $$\sin \mu = \frac{g}{2(R-r)}$$

$$s = R - [r + (R-r)\cos \mu] = (R-r).(1-\cos \mu)$$

und da $1 - \cos \mu = 2 \sin^2 \frac{\mu}{2}$,

(24) $$s = 2(R-r)\sin^2 \frac{\mu}{2},$$

$$h = r - r\cos \mu = r(1-\cos \mu) \text{ oder}$$

(25) $$h = 2r\sin^2 \frac{\mu}{2},$$

$$\text{Bogen } AEN = B = \frac{2R\pi.2\mu}{360} \text{ oder}$$

(26) $$B = \frac{R\pi\mu}{90} = 0{,}035.\mu.R.$$

Beispiel (Fig. 16).

In eine Curve von 1130 m. Radius soll eine Gerade von 30 m. Länge so eingeschaltet werden, dass die Radien der Anschlusscurven 500 m. werden.

Nach Gleichung 23 ist

$$\sin \mu = \frac{g}{2(R-r)} = \frac{30}{2.630} = \frac{3}{126} \text{ und daraus } \measuredangle\ \mu = 1^0\ 21'\ 52'',$$

also $$\frac{\mu}{2} = 40'\ 56''.$$

Nach Gleichung 24 ist

$$s = 2(R-r)\sin^2 \frac{\mu}{2} = 1260.\sin^2 40'\ 56'' = 0{,}179.$$

Nach Gleichung 25 ist

$$h = 2r\sin^2 \frac{\mu}{2} = 1000.\sin^2 40'\ 56'' = 0{,}142.$$

Nach Gleichung 26 ist

$$B = \frac{R \pi \mu}{90} = \frac{1130 \,.\, 3{,}1416 \,.\, 1{,}364}{90} = 53{,}80.$$

Häufig ist es geboten, die seitliche Verrückung s auf ein bestimmtes Maass zu beschränken:

2. Gegeben R, s und g.

Aus Fig. 16 ergiebt sich:

$$r = R - s - \frac{g}{2} \operatorname{cotg} \mu \text{ ferner } r = R - \frac{g}{2 \sin \mu}.$$

Setzt man beide Ausdrücke für r einander gleich, so erhält man, wenn statt cotg $\frac{\sin}{\cos}$ geschrieben wird,

$$\frac{2\,s}{g} = \left(\frac{1 - \cos \mu}{\sin \mu}\right).$$

Führt man statt des $\measuredangle\, \mu$ den halben Winkel also $\frac{\mu}{2}$ ein, so erhält man:

$$tg\,\frac{\mu}{2} = \frac{2\,s}{g}. \tag{27}$$

Beispiel. Fig. 16.

In eine Curve von 2000 m. Radius soll eine 30m. lange Gerade so eingelegt werden, dass die seitliche grösste Verrückung 0,7 m. beträgt.

Nach Gleichung 27 ist

$$tg\,\frac{\mu}{2} = \frac{2\,s}{g} = \frac{1{,}4}{30} \text{ und daraus } \measuredangle\, \frac{\mu}{2} = 2^0\, 40'\, 19'',$$

also

$$\mu = 5^0\, 20'\, 38'',$$

r lässt sich jetzt nach Gleichung 24 berechnen, nämlich

$$r = R - \frac{s}{2 \sin^2 \frac{\mu}{2}} = 2000 - \frac{0{,}7}{2 \sin^2 2^0\, 40'\, 19''} =$$

$$= 2000 - 161{,}06 = 1838{,}94,$$

h und B sind nach Gleichung 25 resp. 26 zu berechnen.

§. 9. Einschaltung zweier Geraden mit einer Verbindungscurve L vom Radius $= R_1$ (Fig. 17).

1. Gegeben R, r, L und g.

Nach Fig. 17 ist

(28) $$\sin \mu = \frac{g}{R - r} \text{ und}$$

(29) $$R_1 = r + g \operatorname{cotg} \mu.$$

Der Bogen $AEN = B = \frac{2 R \pi (2 \mu + \beta)}{360}$ und daraus, da $\beta = \frac{360 \,.\, L}{2 R_1 \pi}$ ist,

(30) $$B = \frac{R \pi \mu}{90} + L \,.\, \frac{R}{R_1}.$$

Beispiel. (Fig. 17.)

In eine Curve von 1130 m. Radius sollen 2 Gerade von je 6 m. Länge so eingeschaltet werden, dass die Anschlusscurven 1000 m. Radius erhalten. Die Länge der Verbindungscurve soll 18 m. betragen.

Nach Gleichung 28 ist

$$\sin \mu = \frac{g}{R - r} = \frac{6}{130} \text{ und daraus } \measuredangle \mu = 2^0\, 38'\, 44''.$$

Nach Gleichung 29 ist

$$R_1 = r + g \,.\, \operatorname{cotg} \mu = 1000 + 6 \operatorname{cotg} 2^0\, 38'\, 44'' = 1000 + 129{,}85 = 1129{,}85,$$

also $$s = R - R_1 = 0{,}15$$

Nach Gleichung 30 ist

$$B = \frac{R \pi \mu}{90} + L \,.\, \frac{R}{R_1} = \frac{1130 \,.\, 3{,}1416 \,.\, 2{,}645}{90} + 18 \,.\, \frac{1130}{1129{,}85}$$
$$= 104{,}33 + 18 = 122{,}33.$$

Für die Absteckung der neuen Gleisanlage wird man am zweckmässigsten die Lage der Winkelpuncte V und W feststellen, welche sich aus einfachen Rechnungen ergiebt.

2. Gegeben R, s, L und g (Fig. 17).

Durch Vergleichung der Figuren 16 und 17 ergiebt sich, dass dieser Fall mit No. 2 des §. 8 übereinstimmend ist, wenn wir g statt $\frac{g}{2}$ einsetzen; hiernach erhalten wir

(31) $$tg \frac{\mu}{2} = \frac{s}{g}.$$

b) Einschaltung gerader Gleisstücke als Tangenten.

§. 10. Bezeichnungen wie vorher, nur r sei hier $=$ Radius der Verbindungscurve.

1. Gegeben R, r und g (Fig. 18).

Aus der Figur 18 ergiebt sich:

$$tg\,\mu = \frac{g}{R-r} \text{ und} \tag{32}$$

$$s = r + \frac{g}{\sin\mu} - R. \tag{33}$$

Bogen $AEN = B$ ergiebt sich aus Gleichung 26.

2. Gegeben R, s und g. (Fig. 18.)

Nach Gleichung 32 ist

$$r = R - g\,.\,\text{cotg}\,\mu,$$

nach Gleichung 33 ist

$$r = R + s - \frac{g}{\sin\mu},$$

beide Ausdrücke für r gleich gesetzt:

$$R - g\,.\,\text{cotg}\,\mu = R + s - \frac{g}{\sin\mu},$$

setzt man $\frac{\cos}{\sin}$ statt cotg so erhält man:

$$\frac{s}{g} = \frac{1 - \cos\mu}{\sin\mu}$$

und hieraus wie bei No. 2 §. 9:

$$tg\,\frac{\mu}{2} = \frac{s}{g}. \tag{31}$$

Gegeben R, L und g. (Fig. 18.)

Bei einem kleinen Werth von μ ist sehr nahe $\frac{L}{2} = r\,.\,tg\,\mu$ oder

$$tg\,\mu = \frac{L}{2\,r}.$$

Nach Gleichung 32 ist auch

$$tg\,\mu = \frac{g}{R-r},$$

also ist annähernd

$$\frac{L}{2\,r} = \frac{g}{R-r}$$

und hieraus folgt:

$$r = \frac{L\,.\,R}{L + 2\,g}. \tag{34}$$

Beispiel. (Fig. 18.)

In eine Curve von 1130 m. Radius sollen 2 Gerade von je 6 m. Länge als Tangenten so eingeschaltet werden, dass die Verbindungscurve L 18 m. lang wird. (Vergleiche Beispiel zu No. 1 §. 9.)

Nach Gleichung 34 ist:

$$r = \frac{L \cdot R}{L + 2g} = \frac{18 \cdot 1130}{18 + 12} = 678,$$

$$tg\mu = \frac{L}{2r} = \frac{18}{1356} \text{ und daraus } \measuredangle \mu = 45' \, 38''.$$

Nach Gleichung 33 ist:

$$s = r + \frac{g}{\sin \mu} - R = 678 + \frac{6}{\sin 45' \, 38''} - 1130$$

$$= 1130{,}02 - 1130 = 0{,}02.$$

Nach Gleichung 26 ist

$$B = \frac{R \cdot \pi \cdot \mu}{90} = 0{,}035 \cdot 1130 \cdot 0{,}76 = 29{,}978.$$

Eine Vergleichung dieses Beispiels mit dem Beispiel zu No. 1 § 9 zeigt, dass bei der Tangentenmethode sowohl s als B wesentlich kleiner werden als bei der dort angewandten Methode; es wird indessen der Radius der Verbindungscurve wesentlich kleiner. In allen Fällen, wo es darauf ankommt, dass der Radius der Verbindungscurve nicht wesentlich kleiner als der Radius der Hauptcurve wird, kann man daher die Tangentenmethode nicht anwenden, sondern muss nach §. 9 verfahren.

ZWEITES KAPITEL.

Ausweichungen.

I. Allgemeines.

§. 11. Jede Ausweichung besteht aus 3 Theilen, nämlich 1. der Weiche, 2. dem Herzstück, 3. dem Verbindungsgleis beider (Weichencurve und Gerade). Bei den Berechnungen soll von folgenden Bedingungen ausgegangen werden:

1. Die Ablenkung der Fahrzeuge durch die Weiche muss möglichst sanft erfolgen.
2. Die beweglichen Weichenzungen erhalten gleiche Länge.
3. Die Weichencurve soll sich unmittelbar an die Zungenwurzel anschliessen.
4. Zwischen Herzstückspitze und Weichencurve soll mindestens eine Gerade von 1 m. (zweckmässiger etwa 3 m.) liegen.
5. Die Entfernung zwischen Weiche und Herzstück ist so zu bestimmen, dass das Einlegen von Haustücken vermieden wird.

Die erste Bedingung ist vorzugsweise abhängig von der Anordnung der Zungen. Wir unterscheiden in dieser Beziehung für die Berechnungen 3 verschiedene Anordnungen.

1. Von der geraden Mutterschiene geht unter einem Winkel je eine gerade Zunge ab, die an der Zungenwurzel die Weichencurve tangirt (Fig. 19).
2. Von der geraden Mutterschiene geht eine nach constantem Radius gekrümmte Zunge so ab, dass sie einerseits von der Mutterschiene tangirt wird, und dass andererseits eine Tangente an der Zungenwurzel zugleich die Weichencurve tangirt. (Fig. 20.)
3. Wie ad 2 mit der Modification, dass die Tangente an der

Zungenspitze mit der Mutterschiene den kleinen Winkel ξ bildet. (Fig. 21.)

1. Die gebräuchlichere Anordnung ist die erste (Fig. 19) mit geraden Zungen, da sie in jeder Beziehung einfach ist. Als Nachtheile sind anzuführen, die plötzliche Ablenkung der Fahrzeuge und die grosse Länge der Ausweichung. Je kleiner der Zungen-Winkel γ desto sanfter findet die Ablenkung der Fahrzeuge statt, aber desto grösser wird die Länge der Ausweichung. Die Grösse des Winkels γ ist abhängig von der Zungenlänge $ac = Z$ und dem Fahrkantenabstand an der Zungenwurzel $= bc = p$, nämlich

(35) $$\sin \gamma = \frac{p}{z}$$

$p =$ Spurkranzrinne + Schienenkopfbreite wird vielfach $= 112$ mm. $z = 5$ m. angenommen; daraus folgt $\gamma = 1^0\ 17'$.

2. Die zweite Anordnung (Fig. 20) gewährt den Vortheil, dass die Ablenkung der Fahrzeuge allmählich erfolgt und dass die Länge der Ausweichung geringer als im ersten Fall wird; als Nachtheile sind anzuführen schwierige Herstellung und der Umstand, dass besondere Rechts- und Linksweichen angefertigt werden müssen. Um die für den Fahrkantenabstand an der Zungenwurzel erforderliche Grösse $= p$ zu erhalten, muss man den Krümmungsradius der Zunge ($= r$) sehr klein wählen, wenn nicht die übliche Länge der Zungen wesentlich überschritten werden soll. Die Zungenlänge ist annähernd $= \sqrt{2 . r . p}$ also für $r = 180$ m. und $p = 0{,}112$ m. $= \sqrt{2 . 180 . 0{,}112} = 6{,}35$; würde man grössere Radien wählen, so bekäme man zu grosse Zungenlängen. Das tangirende Ende der Zunge lässt sich in Wirklichkeit nicht ausführen; man ist daher gezwungen, die äusserste Spitze abzustumpfen und die Länge der Zungen etwas kürzer ($= 5$ m.) als berechnet anzunehmen. Bezeichnen wir nach Fig. 20 mit γ den Winkel, welchen eine Tangente an der Zungenwurzel mit der Mutterschiene bildet, und die Entfernung ac mit z, so werden die für gerade Zungen berechneten Gleichungen auch Gültigkeit für gekrümmte Zungen haben.

In den meisten Fällen wird gegeben sein r und p, daraus erhält man die Zungenlänge $= l$ wie vorher gezeigt; da ferner in Folge des kleinen Winkels annähernd $ac = z = \frac{l}{2}$ ist, so bekommt man

$$\sin \gamma = \frac{p}{z} = \frac{2p}{l}$$

also die Gleichung 35; diese Gleichung hat mithin Gültigkeit auch für gekrümmte Zungen, wenn man für z die halbe berechnete Zungenlänge einsetzt. Nimmt man wie früher $p = 0{,}112$ und die berechnete Zungenlänge $= 6{,}35$ m. an, so erhält man

$$\sin\gamma = \frac{2 \,.\, 0{,}112}{6{,}35} \quad \text{und daraus } \gamma = 2^0\, 1'\, 13''$$

3. Die dritte Anordnung (Fig. 21) hat vor der zweiten den Vortheil, dass die berechnete Zungenlänge in ihrer ganzen Länge ausführbar ist; im übrigen gewährt sie dieselben Vortheile und Nachtheile wie die zweite Anordnung. Bedingung bei dieser Anordnung ist $l < \sqrt{2\,r\,p}$. Aus Fig. 21 folgt $\gamma = \eta + \mu$ und $\xi = \eta - \mu$ ferner $\sin\eta = \frac{p}{l}$ und $\sin\mu = \frac{l}{2\,r}$. $ac = z$ ergiebt sich aus Gleichung 35.

Je nach den gegebenen Stücken wollen wir 3 Fälle unterscheiden und zwar: *a*) gegeben r; p; l; *b*) gegeben r; p; ξ; *c*) gegeben r; p; γ.

a) Es sei gegeben r, p und l und zwar $r = 180$ m.; $p = 0{,}112$ m. und der aufgestellten Bedingung entsprechend $l = 5$ m., dann ist $\sin\eta = \frac{0{,}112}{5}$ oder $\eta = 1^0\, 17'$, $\sin\mu = \frac{5}{360}$ oder $\mu = 47'\, 44''$ also

$$\gamma = \eta + \mu = 2^0\, 4'\, 44'' \text{ und } \xi = \eta - \mu = 30'\, 44''$$

und nach Gleichung 35

$$ac = z = \frac{p}{\sin\gamma} = \frac{0{,}112}{\sin 2^0\, 4'\, 44''} = 3{,}085.$$

Soll der Krümmungsradius der Zunge grösser z. B. $= 200$ m. angenommen werden, so erhält man $\gamma = 2^0$ also noch bedeutend grösser als bei geraden Zungen. Welchen Einfluss die Grösse von γ auf die Länge der Ausweichung hat, werden die späteren Rechnungen zeigen.

b) es sei gegeben r; p; ξ; (Fig. 21), zunächst muss l berechnet werden. Da die Winkel ξ, μ, η und γ sämmtlich sehr klein sind, so kann man ohne erheblichen Fehler die Tangente und den Sinus des Winkels gleich dem Winkel selbst setzen, wenn man letzteren durch den Bogen in Theilen des Radius ($= 1$) ausdrückt. Wäre also $\xi = 1^0\, 17'$ gegeben (wie es bei englischen Ausweichungen vorkommt), so würde man, da $tg\; 1^0\, 17' = \sin 1^0\, 17' = 0{,}0224$ ist, $\xi = 0{,}0224$ zu setzen haben.

Nach Fig. 21 ist $p = x + y$; ferner annähernd $\frac{x}{l} = \sin\xi = \xi$

also $\quad x = l.\xi$; annähernd ist auch $y = \frac{l^2}{2r}$

also $\quad x + y = p = \frac{l^2}{2r} + l\xi$ und daraus $l = \sqrt{2rp + r^2\xi^2} - r\xi$.

Es sei $r = 200$ m.; $p = 0{,}112$ m.; $\xi = 1^0\,17'$;

also $\quad l = \sqrt{64{,}8704} - 4{,}48 = 3{,}574 = l \quad \gamma = \eta + \mu$;

$$\sin\eta = \frac{p}{l} \text{ oder } \eta = \frac{p}{l} = \frac{0{,}112}{3{,}574} = 0{,}03134,$$

$$\sin\mu = \frac{l}{2r} \text{ oder } \mu = \frac{l}{2r} = \frac{3{,}574}{400} = 0{,}00893$$

also $\quad \gamma = 0{,}03134 + 0{,}00893 = 0{,}04027$ oder $tg\,\gamma = 0{,}04027$

und daraus $\quad \gamma = 2^0\,18'\,22''$.

c) es sei gegeben r; p; γ; (Fig. 21).

$$\gamma = \eta + \mu = \frac{p}{l} + \frac{l}{2r} \text{ oder}$$

$$2r\gamma l = 2rp + l^2 \text{ und daraus}$$

$$l = \sqrt{2rp + r^2\gamma^2} + r\gamma.$$

§. 12. Bezüglich der Bezeichnungen für verschiedene Arten Ausweichungen sei folgendes bemerkt. Ist von beiden Gleisen einer Ausweichung das eine gerade, so heisst die Anlage gerade Ausweichung und zwar je nachdem das gekrümmte Gleis nach rechts oder links abzweigt: Rechts-Ausweichung oder Links-Ausweichung. Krümmt man beide Gleise, so entsteht die Curven-Ausweichung, welche ebenfalls rechts oder links sein kann, je nachdem der Zungenwinkel nach rechts oder links abgeht. Ist auf beiden Seiten die Hälfte des Zungenwinkels vorhanden und sind die Krümmungen beider Gleise gleich, so nennt man die Ausweichung symmetrisch. Die Darstellung der geraden und symmetrischen Ausweichungen erfolgt meistens durch einfache Linien, welche die Gleismitte angeben (Fig. 22 und 23) und zwar bezeichnet die Spitze des Dreiecks die Lage desjenigen Punctes, in welchem die geraden Verlängerungen der Gleismittellinien sich schneiden; die Basis wird durch die nächsten Schienenstösse hinter dem Herzstück gehend gedacht. Die nächsten Schienenstösse vor den Zungenspitzen markirt man zweckmässig durch eine kleine Querlinie.

Den Schnittpunct nennt man den Weichenmittelpunct. Von den drei sich in diesem Punct schneidenden Linien bilden stets 2 einen Winkel, welcher mit dem Herzstückwinkel gleiche Grösse hat. Die verschiedenen Arten Ausweichungen sind folgende:

1. Gerade-Links-Ausweichung (Fig. 24).
2. Curven-Links-Ausweichung mit Krümmung im entgegengesetzten Sinn (Fig. 28).
3. Symmetrische Ausweichung (Fig. 27 und 23).
4. Curven-Rechts-Ausweichung mit Krümmung im entgegengesetzten Sinn.
5. Gerade-Rechts-Ausweichung (Fig. 22).
6. Curven-Rechts-Ausweichung mit Krümmung im gleichen Sinn.
7. Curven-Links-Ausweichung mit Krümmung im gleichen Sinn (Fig. 29).

Die bei der Weichenberechnung in Betracht kommenden Grössen sollen folgende Bezeichnungen erhalten; es sei stets:

S = Spurweite = 1,435 m.
Z = Zungenlänge oder bei Anwendung gekrümmter Zungen.
= Länge der im §. 11 näher bezeichneten Grösse.
γ = Zungenwinkel (cfr. §. 11).
p = Fahrkantenabstand an der Zungenwurzel.
α = Herzstückwinkel.
$\alpha - \gamma = \beta$.
G = Gerade vor der mathematischen Herzstückspitze.
R = Radius der Weichencurve.
T = Tangentenlänge der Weichencurve.
E = Entfernung von der Zungenwurzel bis zur mathematischen Herzstückspitze im geraden Gleise, resp. in der Verlängerung der geraden Mutterschiene gemessen.

Werthe für verschiedene Herzstückwinkel s. Tabelle I.

II. Gerade Ausweichungen.

§. 13. Soll eine Ausweichung construirt werden, so kann man in der Regel als bekannt annehmen: die eigentliche Weiche, d. h. die Grössen Z, p und $\measuredangle\ \gamma$, und ferner die Spurweite S;

auch den Herzstückwinkel α wird man gewöhnlich vor der Berechnung festsetzen; zu bestimmen blieben sonach die 4 Grössen: G, R, T und E. Aus Fig. 24 ergeben sich folgende 3 Gleichungen:

$$(36)\qquad T = R \, . \, tg \frac{\beta}{2},$$

$$(37)\qquad S = (Z + T) \sin \gamma + (T + G) \sin \alpha,$$

$$(38)\qquad E = T \, . \cos \gamma + (T + G) \cos \alpha.$$

Diese Gleichungen gelten auch bei Anwendung gekrümmter Zungen, wenn Z und γ die im §. 11 angegebenen Grössen bedeuten. Da nur 3 Gleichungen gegeben sind, so muss noch eine der 4 unbekannten Grössen als bekannt angenommen werden; demnach haben wir 4 Fälle zu unterscheiden:

1. Gegeben G, gesucht R, T, E.
2. „ R, „ G, T, E.
3. „ T, „ G, R, E.
4. „ E, „ G, R, T.

1. Beispiel.

Es sollen die Abmessungen einer Ausweichung mit Herzstück 1 : 10, Länge der geraden Zungen = 5 m. und Fahrkantenabstand an der Zungenwurzel = 0,112 m., so festgestellt werden, dass vor der Herzstückspitze eine Gerade von 3 m. bleibt.

Nach Gleichung 35 ist $tg \gamma = \frac{p}{Z}$ oder $\gamma = 1^0\ 17'$; da ein Herzstück 1 : 10 verwandt werden soll, so ist $tg \alpha = \frac{1}{10}$, oder $\alpha = 5^0\ 42'\ 38''$, also $\beta = \alpha - \gamma = 4^0\ 25'\ 38''$.

Es ist also gegeben: S, Z, γ, p, α, β und G; zu berechnen ist: R, T und E.

Aus Gleichung 37 ergiebt sich, wenn wir setzen $z \sin \gamma = p$,

$$(39)\qquad T = \frac{S - p - G \sin \alpha}{\sin \alpha + \sin \gamma} = \frac{1{,}323 - 3 \sin \alpha}{\sin \alpha + \sin \gamma} = \text{rot } 8{,}4 \text{ m.}$$

Nach Gleichung 36 ist:

$$R = \frac{T}{tg \frac{\beta}{2}} = \frac{8{,}4}{tg\ 2^0\ 12'\ 49''} = \text{rot } 217 \text{ m.}$$

Nach Gleichung 38 ist:

$$E = T \cos \gamma + (T + G) \cos \alpha = 8{,}4 \cos \gamma + 11{,}4 \cos \alpha = 8{,}398 + \\ + 11{,}343 = 19{,}74 \text{ m}$$

2. Beispiel.

Wie ad 1; doch soll die Weiche gekrümmte Zungen von 5 m. Länge nach der zweiten Anordnung des §. 11 erhalten; der Krümmungsradius der Zunge sei 180 m. Nach §. 11 ist dann die ideale Zungenlänge = 6,35 m. und $\gamma = 2^0\ 1'\ 13''$.

Nach Gleichung 39 ist:

$$T = \frac{1{,}024}{0{,}1348} = \text{rot } 7{,}6 \text{ m.}$$

Nach Gleichung 36 ist:

$$R = \frac{7{,}6}{tg\,\frac{\beta}{2}} \text{ und } \beta = 5^0\ 42'\ 38'' - 2^0\ 1'\ 13''$$

$$= 3^0\ 41'\ 25'', \text{ also } \frac{\beta}{2} = 1^0\ 50'\ 42'',$$

also $$R = \text{rot } 236 \text{ m.}$$

Nach Gleichung 38 ist:

$$E = 7{,}6 \cos\gamma + 10{,}6 \cos\alpha = 7{,}595 + 10{,}547 = 18{,}142 \text{ m.}$$

3. Beispiel.

Wie ad 2, doch soll die Weiche gekrümmte Zungen von 5 m. Länge nach der dritten Anordnung 3a des §. 11 erhalten. Nach §. 11 ist dann $\gamma = 2^0\ 4'\ 44''$.

Aus Gleichung 39 ergiebt sich

$$T = \frac{1{,}024}{0{,}1359} = \text{rot } 7{,}54 \text{ m.}$$

Nach Gleichung 36 ist:

$$R = \frac{7{,}54}{tg\,\frac{\beta}{2}} \text{ und } \beta = 5^0\ 42'\ 38'' - 2^0\ 4'\ 44''$$

$$= 3^0\ 37'\ 54'', \text{ also } \frac{\beta}{2} = 1^0\ 48'\ 57'',$$

also $$R = \text{rot } 238 \text{ m.}$$

Nach Gleichung 38 ist:

$$E = 7{,}54 \cos\gamma + 10{,}54 \cos\alpha = 7{,}535 + 10{,}487 = 18{,}022 \text{ m.}$$

Vergleicht man die Resultate dieser 3 Beispiele mit einander, so erkennt man, dass bezüglich der Länge und des Radius der Ausweichung die letzte Anordnung am günstigsten ist.

§. 14. Für gewöhnlich wird es nicht erforderlich sein, den Grössen G, R und T bestimmte Werthe beizulegen, sondern es wird genügen, wenn die Werthe derselben innerhalb bestimmter Grenzen bleiben. Dagegen ist es sehr wichtig, den Werth von E so zu erhalten, dass die Ausweichung ohne Hauschienen hergestellt werden kann. Mit Rücksicht hierauf ist es am zweckmässigsten, den Werth E in den einzelnen Fällen den gebräuchlichen Schienenlängen und den übrigen Bedingungen entsprechend festzusetzen und die Grösse G, R und T zu berechnen. Damit die Werthe dieser letzten Grössen innerhalb bestimmter Grenzen bleiben, empfiehlt es sich, für die zur Verwendung kommenden Normalweichen Tabellen (s. Anhang) anzufertigen. Die Grössen T und R lassen sich für die Tabellen nach den Gleichungen 39 und 36 berechnen; E kann man dagegen $= 2\,T + G$ annehmen, da für die Tabellen Näherungswerthe genügen. Die Tabelle II ist zunächst nur gültig für Ausweichungen, deren Zungenwinkel $\gamma = 1^0\ 17'$ ist; sie kann indessen auch für andere Ausweichungen benutzt werden, deren Zungenwinkel annähernd $1^0\ 17'$ ist. Für Tabelle III, welche für Zungenwinkel $= 2^0\ 1'\ 13''$ berechnet ist, gilt eine entsprechende Bemerkung.

Die Werthe einer Tabelle für gekrümmte Zungen von 200 m. Krümmungsradius (Mutterschiene schneidend $p = 0{,}112$ m. und $\gamma = 2^0\ 4'\ 4''$ s. §. 11 No. 3a) fallen fast mit denjenigen der Tabelle III zusammen; Tabelle III wird daher auch für diesen Fall genügen.

Wie aus den Differenzspalten der Tabelle II und III hervorgeht, ist die Bildung solcher Tabellen leicht zu bewerkstelligen; welchen Nutzen dieselben gewähren, werden die später folgenden Beispiele zeigen.

§. 15. Wie bereits erwähnt, muss der Werth von E so festgesetzt werden, dass man die ganze Ausweichung ohne Hauschienen herstellen kann.

Bei dieser Bestimmung geht man von folgenden Gesichtspunkten aus.

Die Entfernung zwischen Zungenwurzel und Herzstückspitze im geraden Gleis ist etwas geringer als im gekrümmten Gleis; diese Differenz ist so klein, dass sie sich für die beiden Gleise bei Verwendung gleicher Schienen dadurch ausgleichen lässt, dass man im gekrümmten Gleis den Zwischenraum zwischen zwei Schienen etwas grösser als im geraden Gleis nimmt und für das gerade Gleis Schienen mit Mindermass, für das gekrümmte Gleis dagegen Schienen mit Mehrmass anwendet. Man wird hiernach im gekrümmten Gleis dieselben Schienenlängen wie im geraden Gleis verlegen können. Für die Bestimmung von E muss ferner die Länge von der Herzstückspitze bis zum Stoss desselben, der nach der Weiche zu gelegen ist, bekannt sein. Der Werth von E wird zusammengesetzt aus diesem letzten Mass + der Gesammtlänge der Schienen zwischen Zungenwurzel und Herzstückstoss + dem erforderlichen Spielraum für Temperaturveränderungen; dieser Werth muss demjenigen von E in den Tabellen annähernd gleichkommen, der den gewünschten Grössen von G, T und R annähernd entspricht. Welcher Werth für α genommen werden muss, ergiebt ebenfalls die Tabelle. Hat man hiernach die Grösse von E bestimmt, so lässt sich zweckmässig zunächst aus den Gleichungen 37 und 38 der Werth von T berechnen und demnächst R und G (s. §. 17). Aus diesen beiden Gleichungen erhält man

$$T = \frac{E \sin \alpha - (S - p) \cos \alpha}{\sin \beta} \tag{40}$$

und

$$G = \frac{E - T (\cos \alpha + \cos \gamma)}{\cos \alpha} \tag{41}$$

Den Werth von R ermittelt man aus Gleichung 36.

Beispiele.

§. 16. 1. Es soll eine Endausweichung für Bahnhöfe construirt werden unter nachstehenden Bedingungen. Gerade Zungen; $Z = 5$ m.; $p = 0{,}112$ m.; R mindestens 300 m.; G mindestens 3 m.; Hauschienen dürfen nicht angewandt werden, sondern nur Schienen von 5,649 m. oder 6,591 m. oder 7,532 m. Länge. Nach Tabelle II kann diesen Bedingungen nur genügt werden, wenn ein Herzstück 1 : 12 angewandt wird; denn bei einem Herzstück 1 : 11 würde nach der Tabelle bei $R = 300$ m. G kleiner als 2 m. werden; der Werth von E ist nach dieser Tabelle annähernd zu 22,76 m. anzunehmen. Wählt man 2 Schienen à 7,532 m. und 1 Schiene von 6,591 m. so wird, wenn die Länge von Herzstückspitze bis Stoss 1 m. ist und der Spielraum zwischen den Schienen zu je 5 mm. angenommen wird, $E = 7{,}532 + 7{,}532 + 6{,}591 + 1$

+ 0,020 = 22,675 also annähernd der aus der Tabelle entnommenen Länge entsprechen.

Nach Gleichung 40 ist:

$$T = \frac{E \sin \alpha - (S - p) \cos \alpha}{\sin \beta}$$

da ein Herzstück 1 : 12 angewandt werden muss, so ist $tg\ \alpha = \frac{1}{12}$ oder $\alpha = 4^0\ 45'\ 49''$ und wie im §. 11 berechnet $\gamma = 1^0\ 17'$ also $\beta = \alpha - \gamma = 3^0\ 28'\ 49''$ mithin

$$T = \frac{22{,}675 \sin \alpha - 1{,}323 \cos \alpha}{\sin \beta}$$

$$= \frac{22{,}675 .\ 0{,}08305 - 1{,}323\ .\ 0{,}99654}{0{,}06071} = 9{,}306 \text{ m.} = T^{*}).$$

Nach Gleichung 36 ist:

$$R = \frac{T}{tg \frac{\beta}{2}} = \frac{9{,}306}{tg\ 1^0\ 44'\ 25''} = 306{,}3 \text{ m.} = R.$$

Nach Gleichung 41 ist:

$$G = \frac{E - T(\cos \alpha + \cos \gamma)}{\cos \alpha} = \frac{22{,}675 - 9{,}306\ (0{,}99654 + 0{,}99975)}{0{,}99654} =$$

$$= \frac{4{,}097}{0{,}99654} = 4{,}111 \text{ m.} = G.$$

2. Dieselbe Aufgabe, jedoch mit der Modification, dass G mindestens 2,5 m. lang sein soll und dass gekrümmte Zungen von 5 m. Länge verwandt werden, welche die Mutterschiene schneiden. p sei = 0,112 m.; Radius der Zungenkrümmung = 200 m. daher nach §. 11 = 2⁰.

Nach Tabelle III muss diesen Bedingungen entsprechend E etwas grösser als 19,70 m. und ferner ein Herzstück 1 : 11 gewählt werden. Es ist daher anzunehmen $E = 6{,}591 + 6{,}591 + 5{,}649 + 1 + 0{,}020 = 19{,}851$.

$$tg\ \alpha = \frac{1}{11} \text{ also } \alpha = 5^0\ 11'\ 40''; \gamma = 2^0 \text{ und}$$

$$\beta = \alpha - \gamma = 3^0\ 11'\ 40'',$$

*) Bei diesen Rechnungen kommt man häufig leicht zum Ziel, wenn man eine Tabelle anwendet, welche die wirklichen Längen der trigonometrischen Linien von Minute zu Minute enthält; der Werth für die Secunden lässt sich aus der Differenz zwischen 2 aufeinander folgenden Werthen annähernd abschätzen. S. Verfassers Handbuch für Eisenbahn-Bauwesen.

Nach Gleichung 40 ist:

$$T = \frac{19{,}851 \,.\, 0{,}09053 - 1{,}323 \,.\, 0{,}99589}{0{,}05572} = 8{,}614 \text{ m.} = T.$$

Nach Gleichung 36 ist:

$$R = \frac{8{,}614}{tg\, 1^0\, 35'\, 50''} = 308{,}9 \text{ m.} = R.$$

Nach Gleichung 41 ist:

$$G = \frac{E - T\,(\cos\alpha + \cos\gamma)}{\cos\alpha}$$

$$= \frac{19{,}851 - 8{,}614\,(0{,}99589 + 0{,}99939)}{0{,}99589} = 2{,}675 \text{ m.} = G.$$

3. Es soll eine Ausweichung für Hauptgleise construirt werden. Bedingungen: Gerade Zungen; $z = 5$ m.; $p = 0{,}112$ m.; R mindestens 200 m.; G mindestens 2,5 m.; zwischen Weiche und Herzstück nur ganze Schienenlängen von den im Beispiel 1 angegebenen Dimensionen. Es soll das Hauptgewicht darauf gelegt werden, dass ganze Züge die Weiche leicht passiren können.

Diesen Bedingungen würde nach Tabelle II ein Werth von $E = 19{,}78$ m. unter Anwendung eines Herzstücks 1 : 10 entsprechen; mit Rücksicht auf die zu Gebote stehenden Schienenlängen und auf die letzte Bedingung ist $E =$ wie bei Beispiel $2 = 19{,}851$ m. anzunehmen.

$$tg\,.\,\alpha = \frac{1}{10} \text{ oder } \alpha = 5^0\, 42'\, 38''$$

$$\gamma = 1^0\, 17' \text{ also } \beta = \alpha - \gamma = 4^0\, 25'\, 38''$$

Nach Gleichung 40 ist:

$$T = \frac{E \sin\alpha - (S-p)\cos\alpha}{\sin\beta} = \frac{19{,}851 \,.\, 0{,}09950 - 1{,}323 \,.\, 0{,}99504}{0{,}0772} =$$

$$= 8{,}536 \text{ m.} = T.$$

Nach Gleichung 36 ist:

$$R = \frac{T}{tg\,\frac{\beta}{2}} = \frac{8{,}536}{tg\, 2^0\, 12'\, 49''} = 220{,}8 \text{ m.} = R.$$

Nach Gleichung 41 ist:

$$G = \frac{E - T\,(\cos\alpha + \cos\gamma)}{\cos\alpha}$$

$$= \frac{19{,}851 - 8{,}536\,(0{,}99504 + 0{,}99975)}{0{,}99504} = 2{,}837 \text{ m.} = G.$$

4. Es soll eine Ausweichung für Nebengleise construirt werden.

Bedingungen: Gerade Zungen; $z = 5$ m.; $p = 0{,}112$ m.; die ganze Ausweichung soll möglichst kurz sein, jedoch R nicht unter 180 m. und G nicht unter 2 m. Ausser den in den vorhergehenden Beispielen aufgeführten Schienenlängen stehen noch Schienen à 6 m. zur Verfügung.

Nach Tabelle II muss der Werth von E etwas geringer als 18,58 m. unter Anwendung eines Herzstücks 1:9 sein. Es ist also zu nehmen

$$E = 6 + 5{,}649 + 5{,}649 + 1 + 0{,}020 = 18{,}318.$$

$$tg\,\alpha = \frac{1}{9} \text{ oder } \alpha = 6^0\,20'\,25'' \quad \gamma = 1^0\,17'$$

also

$$\beta = \alpha - \gamma = 5^0\,3'\,25''.$$

$$T = \frac{E \sin\alpha - (S - p)\cos\alpha}{\sin\beta} =$$

$$= \frac{18{,}318 \,.\, 0{,}11045 - 1{,}323 \,.\, 0{,}99388}{0{,}08818} = 8{,}04 \text{ m.} = T.$$

Nach Gleichung 36 ist:

$$R = \frac{T}{tg\frac{\beta}{2}} = \frac{8{,}04}{tg\,2^0\,31'\,45''} = 182 \text{ m.} = R.$$

Nach Gleichung 41 ist:

$$G = \frac{E - T(\cos\alpha + \cos\gamma)}{\cos\alpha} = \frac{18{,}318 - 8{,}04\,(0{,}99388 + 0{,}99975)}{0{,}99388}$$

$$= 2{,}303 \text{ m.} = G.$$

§. 17. Will man sich mit Näherungswerthen begnügen, so lassen sich die Rechnungen, wie gezeigt werden soll, einfacher ausführen. Diese Näherungswerthe werden für die Praxis genügen.

Drückt man die Winkel nicht in Graden sondern durch den Bogen in Theilen des Radius ($= 1$) aus, so kann man bei Winkeln bis etwa 8^0 für die Tangente und den Sinus des Winkels diesen Bogen setzen, ohne einen erheblichen Fehler zu machen. $\alpha = \frac{1}{10} = 0{,}1$ gehört also zu einem Winkel, dessen Bogenlänge sich zum Radius verhält wie 1 : 10, oder dessen Bogenlänge $\frac{1}{10}$ Radius ist; es ist demnach α eine Verhältnisszahl ebenso wie jede trigonometrische Function. Das Verhältniss des Bogens zum Radius ist bei kleinen Winkeln fast genau gleich dem Tangentenverhältniss und dem Sinusverhältniss, da diese letzteren, zwischen denen der Werth liegt, nur wenig von einander differiren. Die bei den Weichenberechnungen in Frage kommenden Winkel α und γ haben nun stets einen so kleinen Werth, dass man $tg\,\alpha = \alpha$ und $\sin \alpha = \alpha$ setzen kann. Bezeichnet man ferner die Differenz zwischen der Entfernung von Zungenwurzel bis Herzstückspitze im geraden und gekrümmten Gleis gemessen mit d (s. §. 15) und lässt man den Werth T ausser Acht, so lassen sich nach Fig. 25 folgende Gleichungen aufstellen: Zunächst setze man von der Zungenwurzel aus auf der Zunge die Grösse G ab, verbinde diesen Punct mit der Herzstückspitze und ziehe parallel mit dem geraden Gleis eine Linie durch denselben, so ist der sich bildende spitze Winkel =

$$\gamma + \frac{\alpha - \gamma}{2} = \frac{\alpha + \gamma}{2};$$

die Entfernung von der Herzstückspitze bis zu der eben bezeichneten Parallelen ist, wenn $S - p = P$ gesetzt wird, $P + G \sin \gamma = P + G\gamma$. Wir können daher annähernd setzen:

$$\frac{P + G\gamma}{E + G} = tg\,\frac{\alpha + \gamma}{2} = \frac{\alpha + \gamma}{2} \quad \text{oder}$$

$$2\,P + 2\,G\gamma = (E + G)\,(\alpha + \gamma) \text{ und daraus}$$

(42) $$G = \frac{2\,P - E\,(\alpha + \gamma)}{\alpha - \gamma}.$$

Da die Grösse d nach §. 15 stets sehr klein ist, so wird man nur einen geringen Fehler machen, wenn man dieselbe für jede einzelne Rechnung schätzungsweise festsetzt oder stets etwa = 30 mm. annimmt. Hiernach wäre der Bogen $= E + d - G$; drückt man den zum Bogen gehörenden Centriwinkel in Theilen des Radius aus, so ist der Bogen $= R\,(\alpha - \gamma)$, also bekommen wir die Gleichung $R\,(\alpha - \gamma) = E + d - G$ oder

(43) $$R = \frac{E + d - G}{\alpha - \gamma}$$

oder wenn man auch noch d vernachlässigt, was füglich geschehen kann:

(44) $$R = \frac{E - G}{\alpha - \gamma}.$$

Nach §. 13 haben wir, da T ausser Acht geblieben ist, nur die unbekannten Grössen G, R und E und hierzu 2 Gleichungen (42 und 44); es muss also noch eine dieser Grössen angenommen werden und zwar nach den früher aufgestellten Grundsätzen die Grösse E. Die Anwendung der Gleichungen mögen folgende Beispiele zeigen.

Beispiele.

§. 18. 1. Es soll eine Ausweichung construirt werden, welche vorzugsweise zum Rangiren langer Güterzüge benutzt wird, mit Rücksicht hierauf wird die Bedingung gestellt, dass die Gerade nicht unter 4 m. und der Radius annähernd 250 m. beträgt. Eine Weiche mit geraden Zungen ($z = 5$ m.; $p = 0{,}112$ m.) ist anzunehmen. Entfernung von Herzstückspitze bis Stoss betrage 0,90 m.; zur Verfügung stehen Schienen in folgenden Längen 5 m.; 6 m.; 6,5 m.; 7 m.

Nach der Tabelle würde diesen Bedingungen entsprochen werden, wenn E annähernd $= 21$ m. gewählt würde bei Herzstück 1 : 11; also

$$E = 7 + 7 + 6 + 0{,}90 + 0{,}020 = 20{,}92,$$

also
$$\alpha = \frac{1}{11} = 0{,}0909;\; \gamma = \frac{112}{5000} = 0{,}0224,$$

$$\alpha + \gamma = 0{,}1133;\; \alpha - \gamma = 0{,}0685,$$

$$P = S - p = 1{,}435 - 0{,}112 = 1{,}323,$$

$$2\,P = 2{,}646.$$

Nach Gleichung 42 ist:

$$G = \frac{2\,P - E\,(\alpha + \gamma)}{\alpha - \gamma}$$

$$= \frac{2{,}646 - 20{,}92\;(0{,}1133)}{0{,}0685} = \frac{0{,}276}{0{,}0685} = 4{,}03 = G.$$

Nach Gleichung 44 ist:

$$R = \frac{E - G}{\alpha - \gamma} = \frac{20{,}92 - 4{,}03}{0{,}0685} = 246{,}6 = R.$$

2. Dieselbe Aufgabe mit der Modification, dass die Gerade annähernd $= 4$ m. und der Radius annähernd 200 m. betrage.

Diesen Bedingungen entspräche $E = 19{,}14$ bei Herzstück 1 : 10, also mit Rücksicht auf die vorhandenen Schienenlängen:

$$E = 6 + 6 + 6{,}5 + 0{,}90 + 0{,}020 = 19{,}42,$$

$$\alpha = \frac{1}{10} = 0{,}1;\; \gamma = 0{,}0224;$$

$$\alpha + \gamma = 0{,}1224;\; \alpha - \gamma = 0{,}0776;$$

$$2\,P = 2{,}646.$$

Nach Gleichung 42 ist:

$$G = \frac{2\,P - E(\alpha + \gamma)}{\alpha - \gamma} =$$

$$= \frac{2{,}646 - 19{,}42\;(0{,}1224)}{0{,}0776} = \frac{0{,}269}{0{,}0776} = 3{,}47 = G.$$

Nach Gleichung 44 ist:

$$R = \frac{E - G}{\alpha - \gamma} = \frac{19{,}42 - 3{,}47}{0{,}0776} = 205{,}4 = R.$$

§. 19. Die Absteckung der Weichencurve erfolgt durch Coordinaten entweder von der Tangente aus oder von der geraden Schiene des Hauptgleises. Im ersten Fall ist es zweckmässig die Lage des Winkelpuncts der Weichencurve zu berechnen; der Abstand (m.) desselben von der geraden Sehiene ist

(45) $$m = (T + Z) \sin \gamma.$$

Von dem Winkelpunct zieht man Schnüre in der Tangentenrichtung und von diesen Schnüren erfolgt die Absteckung mit Hülfe der Näherungsformel

(46) $$y = \frac{x^2}{2\,R}.$$

Soll die Weichencurve von der geraden Schiene aus abgesteckt werden, so erhält man die Coordinaten mit Hülfe der Formel

(47) $$y = \frac{p\,(x + Z)}{Z} + \frac{x^2}{2\,R},$$

der Anfangspunct der Coordinaten liegt an der Schieneninnenkante der geraden Schiene zunächst der Zungenwurzel.

Beim Abstecken wird es in vielen Fällen erforderlich sein, die Entfernung des Weichenmittelpuncts von der Herzstückspitze zu wissen. Diese Entfernung ist bei gleichen Herzstückverhältnissen stets dieselbe. In Fig. 26 seien af und ag die sich im Puncte a schneidenden Gleis-Mittellinien; c sei die Herzstückspitze und bc stehe senkrecht auf ag. Bezeichnen wir die zu berechnende Entfernung ab mit L so ist

(48) $$L = \frac{S}{2\,tg\,\frac{\alpha}{2}} = \frac{0{,}7175}{tg\,\frac{\alpha}{2}}.$$

Nach dieser Gleichung ist folgende Tabelle für gerade Ausweichungen berechnet:

Bei Herzstücken 1:

	7	8	9	10	11	12
$L =$	10,096	11,524	12,955	14,386	15,807	17,249

III. Symmetrische Ausweichungen.

§. 20. Bei einer symmetrischen Ausweichung zweigen sich aus einem Gleise nach entgegengesetzten Seiten 2 Gleise mit Curven von gleichem Radius so ab, dass die verlängerte Axe des ursprünglichen Gleises den Herzstückwinkel halbirt und dass eine Linie, parallel mit dieser Axe durch die Zungenspitzen gelegt, die Zungenwinkel γ halbirt. Die halbe symmetrische Ausweichung kann man somit als eine gerade Ausweichung von 0,7175 m. Spurweite ansehen (Fig. 27), es müssen also auch die bisherigen Gleichungen für diese Ausweichungen gelten, wenn man $\frac{\alpha}{2}$ statt α, $\frac{\gamma}{2}$ statt γ, $\frac{\beta}{2}$ statt β, $\frac{p}{2}$ statt p und $\frac{S}{2}$ statt S setzt. Werden diese Werthe in die Gleichungen eingesetzt, so ergiebt sich leicht aus der Vergleichung der neuen und alten Gleichungen, dass die Werthe α, G, T, E dieselben bleiben, während R sich verdoppelt; es dient also die Tabelle II und III für gerade Ausweichungen, im Anhang auch für symmetrische, wenn man R doppelt so gross nimmt als in der Tabelle angegeben.

Hat man auf Grund der Tabelle den Werth von E bestimmt, so dienen zur weiteren Berechnung nachfolgende Gleichungen:

$$T = R\, tg\, \frac{\beta}{4}. \tag{49}$$

$$T = \frac{E \sin\frac{\alpha}{2} - \left(\frac{S-p}{2}\right).\cos\frac{\alpha}{2}}{\sin\frac{\beta}{2}}. \tag{50}$$

$$G = \frac{E - T\left(\cos\frac{\alpha}{2} + \cos\frac{\gamma}{2}\right)}{\cos\frac{\alpha}{2}} \tag{51}$$

oder nach der Näherungsmethode:

(42) $$G = \frac{2P - E(\alpha + \gamma)}{\alpha - \gamma}.$$

(52) $$R = \frac{2(E - G)}{\alpha - \gamma}.$$

Die Entfernung L zwischen Weichenmittelpunct und Herzstückspitze ist nach Fig. 27

(53) $$L = \frac{S}{2 \sin \frac{\alpha}{2}} = \frac{0{,}7175}{\sin \frac{\alpha}{2}}.$$

Tabelle für symmetrische Ausweichungen.

Bei Herzstücken 1:

	7	8	9	10	11	12
$L =$	10,121	11,547	12,975	14,404	15,834	17,266

Beispiele.

§. 21. 1. Es soll eine symmetrische Ausweichung unter folgenden Bedingungen angelegt werden. Gerade Zungen; $z = 5$ m; $p = 0{,}112$ m; R mindestens $= 300$ m; G mindestens 2,5 m; Länge von Herzstückspitze bis Stoss $= 1$ m; Hauschienen sind nicht anzuwenden, sondern nur Schienen von 5,649 m. oder 6,591 oder 7 m. oder 7,532 m. Länge.

Diesen Bedingungen wird nach der Tabelle II entsprochen, wenn unter Anwendung eines Herzstückes 1 : 9 für E etwa 17,90 m. gesetzt wird. Diese Länge von E erreicht man annähernd, wenn man setzt:

$$E = 5{,}649 + 5{,}649 + 5{,}649 + 1 + 0{,}020 = 17{,}967.$$

Nach Gleichung 47 ist:

$$T = \frac{E \sin \frac{\alpha}{2} - \left(\frac{S - p}{2}\right) . \cos \frac{\alpha}{2}}{\sin \frac{\beta}{2}}$$

$$tg\, \alpha = \frac{1}{9} \text{ oder } \alpha = 6^0\, 20'\, 25''$$

also $$\frac{\alpha}{2} = 3^0\, 10'\, 12''; \; \gamma = 1^0\, 17'$$

also $\frac{\gamma}{2} = 38'\,30''$; $\frac{\alpha}{2} - \frac{\gamma}{2} = \frac{\beta}{2} = 2^0\,31'\,42''$

folglich $T = \frac{17{,}967 \,.\, 0{,}05530 - 0{,}6615 \,.\, 0{,}99847}{0{,}04410} = 7{,}55\,\text{m.} = T.$

Nach Gleichung 46 ist:

$$R = \frac{T}{tg\,\frac{\beta}{4}} = \frac{7{,}55}{tg\;1^0\,15'\,51''} = 342{,}1\ \text{m.} = R.$$

Nach Gleichung 48 ist:

$$G = \frac{E - T\left(\cos\frac{\alpha}{2} + \cos\frac{\gamma}{2}\right)}{\cos\frac{\alpha}{2}}$$

$$= \frac{17{,}967 - 7{,}55\,\left(\cos\frac{\alpha}{2} + \cos\frac{\gamma}{2}\right)}{\cos\frac{\alpha}{2}} = 2{,}883\ \text{m.} = G.$$

2. Dieselbe Aufgabe, doch soll die Ausweichung möglichst kurz werden mit der Beschränkung, dass R grösser als 180 m. und G grösser als 2 m. bleibt. Nach der Tabelle II wird diesen Bedingungen entsprochen, wenn ein Herzstück 1:7 und E etwa $= 13{,}94$ angenommen wird. Mit Rücksicht auf die zur Verwendung stehenden Schienenlängen kann man setzen:

$$E = 6{,}591 + 6{,}591 + 1 + 0{,}015 = 14{,}197.$$

$$tg\,\alpha = \frac{1}{7} \text{ oder } \alpha = 8^0\,7'\,48''$$

also $\frac{\alpha}{2} = 4^0\,3'\,54''$; $\gamma = 1^0\,17'$

also $\frac{\gamma}{2} = 38'\,30''$; $\frac{\alpha}{2} - \frac{\gamma}{2} = \frac{\beta}{2} = 3^0\,25'\,24''$.

Nach Gleichung 47 ist:

$$T = \frac{E\sin\frac{\alpha}{2} - \left(\frac{S-p}{2}\right).\cos\frac{\alpha}{2}}{\sin\frac{\beta}{2}} =$$

$$= \frac{14{,}197\sin\frac{\alpha}{2} - 0{,}6615\,.\,\cos\frac{\alpha}{2}}{\sin\frac{\beta}{2}} = \frac{0{,}3462}{\sin\frac{\beta}{2}} = 5{,}796\ \text{m.} = T.$$

Nach Gleichung 46 ist:

$$R = \frac{T}{tg\,\frac{\beta}{4}} = \frac{5,796}{tg\,1^0\,42'\,42''} = 193,97\,\text{m.} = R.$$

Aus Gleichung 48 ergiebt sich endlich G.

3. (Nach der Näherungsmethode.) Dieselbe Aufgabe, doch soll R nicht kleiner als 200 m. und G nur annähernd $= 2$ m. sein. Nach Tabelle II würde $E = 14,66$ bei Herzstück 1 : 7 diesen Bedingungen genügen.

Also $$E = 7 + 6,591 + 1 + 0,015 = 14,606.$$

Nach Gleichung 42 ist:

$$G = \frac{2\,P - E\,(\alpha + \gamma)}{\alpha - \gamma}$$

$$2\,P = 2,646; \quad \alpha = \frac{1}{7} = 0,1429;$$

$$\gamma = \frac{112}{5000} = 0,0224; \quad \alpha + \gamma = 0,1653; \quad \alpha - \gamma = 0,1205$$

also $$G = \frac{2,646 - 14,606\,(0,1653)}{0,1205} = \frac{2,4144}{0,1205} = 2,003 = G.$$

Nach Gleichung 52 ist:

$$R = \frac{2\,(E - G)}{\alpha - \gamma} = \frac{2\,(14,606 - 2,003)}{0,1205} = 209 = R.$$

4. Aufgabe wie ad 3 bei Anwendung gekümmter Zungen. R nur annähernd $= 200$ m.

Nach Tabelle III wird bei Herzstück 1 : 7 $E = 13,04$ genügen,

also $$E = 6,591 + 5,649 + 1 + 0,015 = 13,255.$$

Nach Gleichung 42 ist:

$$G = \frac{2\,P - E\,(\alpha + \gamma)}{\alpha - \gamma}.$$

Nach §. 11 ist

$$\gamma = \frac{0,112}{3,175} = 0,0353; \quad \alpha = \frac{1}{7} = 0,1429; \quad \alpha + \gamma = 0,1782;$$

$$\alpha - \gamma = 0,1076; \quad P = 2,646$$

also $$G = \frac{2,646 - 13,255\,.\,(0,1782)}{0,1076} = \frac{0,284}{0,1076} = 2,64 = G.$$

Nach Gleichung 52 ist:

$$R = \frac{2\,(E - G)}{\alpha - \gamma} = \frac{2\,(13,255 - 2,64)}{0,1076} = 197 = R.$$

IV. Curvenausweichungen.

§. 22. Während die geraden Ausweichungen ein gerades und ein gekrümmtes Gleis haben, sind bei den Curvenausweichungen beide Gleise gekrümmt. Die Weichen selbst unterscheiden sich nicht von einander. In der Praxis werden in der Regel beide Mutterschienen gerade verlegt, so dass an der Zungenspitze eine Gleiserweiterung entsteht. Für die Berechnung dieser Curven-Ausweichungen soll zur Vereinfachung angenommen werden, dass Zunge und gegenüberliegende Mutterschienen parallel sind. Es werden also für nachstehende Berechnungen die eine Zunge mit Verlängerung (Ende der zugehörigen Mutterschiene) und die entgegengesetzte Mutterschiene stets parallele Gerade sein, während die andere Zunge bei Anwendung von geraden Zungen mit der Mutterschiene einen Winkel (Zungenwinkel) bildet oder bei Anwendung von gekrümmten Zungen so liegt, dass eine Tangente an der Zungenwurzel mit der Mutterschiene einen Winkel bildet. (s. Fig. 19, 20, 21.) Je nachdem der Zungenwinkel oder bei gekrümmten Zungen der letzt bezeichnete Winkel nach rechts oder links zeigt, heisst die Ausweichung eine Rechts- oder Links-Curven-Ausweichung. Selbstredend ist die Berechnung beider Arten gleich. Denkt man sich die Fahrkanten der geraden Mutterschiene und der ihr parallelen Zunge verlängert und durch die Herzstückspitze eine Parallele zu diesen Linien gelegt, so entstehen gewissermaassen zwei unmittelbar nebeneinander liegende gerade Ausweichungen, deren Spurweite s resp. $S - s$ und deren Herzstückwinkel ξ resp. $(\alpha - \xi)$ ist. (s. Fig. 28.) Bei den nachfolgenden Berechnungen werden die Curvenausweichungen stets in je zwei gerade Ausweichungen zerlegt werden und zwar bezeichne s stets die Spurweite der geraden Ausweichung ohne Zungenwinkel und ξ den zu dieser Ausweichung gehörenden Herzstückwinkel; die Spurweite der zweiten geraden Ausweichung ist also, wenn die normale Spurweite 1,435 wieder mit S bezeichnet wird, gleich $S - s$, und der Herzstückwinkel der zweiten Ausweichung, wenn der ganze Herzstückwinkel wieder mit α bezeichnet wird, gleich $(\alpha - \xi)$. Ferner sei bei der geraden Ausweichung ohne Zungenwinkel entsprechend den früheren Bezeichnungen

g = Gerade vor Herzstückspitze und r = Radius der Weichencurve, sowie bei der anderen Ausweichung G = Gerade vor Herzstückspitze, R = Radius der Weichencurve und γ = Zungenwinkel oder bei gekrümmten Zungen = dem im §. 11 angegebenen Winkel. E sei wieder die Entfernung von Zungenwurzel bis Herzstückspitze und endlich $\measuredangle\ \alpha - \gamma - \xi$ werde mit η bezeichnet.

§. 23. Bevor wir zu der eigentlichen Berechnung übergehen, sei Nachstehendes erwähnt. Aus Fig. 28 ergiebt sich, dass bei kleiner werdendem s unter sonst gleichen Verhältnissen ein Zunehmen von r, dagegen ein Abnehmen von R erfolgen muss. Wird $s = o$, so erhält man $r = \infty$, dem irgend ein Werth von R entspricht; zugleich ist die Curvenausweichung in eine gewöhnliche gerade Ausweichung übergegangen. Nimmt man jetzt den Werth von R noch kleiner, so wird r negativ und man erhält eine Curvenausweichung mit Krümmung im gleichen Sinn (Fig. 29). Bei weiterem Abnehmen von R verkleinert sich auch der negative Werth von r. Man sieht hieraus, dass die gerade Ausweichung auf der Grenze zwischen Curvenausweichung mit Krümmung im entgegengesetzten Sinn und Curvenausweichung mit Krümmung im gleichen Sinn steht und dass eine Curvenausweichung mit Krümmung im gleichen Sinn nur dann möglich ist, wenn der dem $r = \infty$ entsprechende Werth von R noch kleiner genommen werden darf. Wird beispielsweise R = 180 m. als zulässiger Minimalwerth angenommen, so würde, wenn dem $r = \infty$ ein Werth von R = 176 entspräche, die Construction einer Curvenausweichung mit Krümmung im gleichen Sinn bei den angenommenen Verhältnissen nicht mehr möglich sein, da schon für $r = \infty$ der Werth von R zu klein ist. Es folgt ferner aus dieser Betrachtung, dass unter sonst gleichen Verhältnissen bei Krümmung im entgegengesetzten Sinn, ein Zunehmen des einen Radius, ein Abnehmen des andern Radius bedingt, während bei Krümmung im gleichen Sinn, wenn man nur den absoluten Zahlenwerth in Betracht zieht, ein Abnehmen des einen Radius auch ein Abnehmen des andern Radius und ein Zunehmen des einen Radius auch ein Zunehmen des andern Radius zur Folge hat. — Wird s grösser als in Fig. 28 angenommen, so wird unter sonst gleichen Verhältnissen r kleiner, dagegen R grösser. Auch hier wird $R = \infty$ und negativ werden können, doch hat dies für die Praxis keinen Werth, da man in solchen Fällen statt der Links-Ausweichung eine Rechts-Ausweichung resp. umgekehrt einlegen würde.

§. 24. Da sich jede Curvenausweichung in 2 gerade Ausweichungen zerlegen lässt, so kann die Berechnung auf Grund der früher entwickelten Gleichungen erfolgen und zwar entweder nach den im §. 13 oder §. 17 entwickelten Gleichungen. Für die Praxis sind möglichst einfache Gleichungen, welche eine möglichst grosse Uebersicht gewähren, selbst dann erwünscht, wenn dieselben nur Näherungswerthe ergeben, es soll daher die Berechnung der Curvenausweichungen nach den im §. 17 entwickelten Gleichungen erfolgen.

Als bekannt sei wieder vorausgesetzt die eigentliche Weiche d. h. z; p; und $\measuredangle\, \gamma$; ferner die Spurweite S und der Herzstückwinkel α; es bleiben also noch unbestimmt folgende 8 Grössen: g; G; r; R; s; ξ; η und E. (s. Fig. 28.) Nach §. 17 lassen sich für jede gerade Ausweichung 2 Gleichungen aufstellen; die linke Ausweichung ergiebt, wenn man von der Zungenwurzel nach der Zungenspitze zu die Grösse g absetzt:

$$\frac{s}{E+g} = tg\,\frac{\xi}{2} \quad \text{oder}$$

(54) $$\frac{s}{E+g} = \frac{\xi}{2},$$

die rechte Ausweichung ergiebt entsprechend ($S - p = P$ gesetzt):

$$\frac{P - s + G \sin\gamma}{E+g} = tg\left(\frac{\eta}{2} + \gamma\right) \quad \text{oder}$$

(55) $$\frac{P - s + G\gamma}{E+g} = \frac{\eta}{2} + \gamma,$$

ferner giebt die gerade Ausweichung links $r\xi = E + d - g$ oder wenn wir d vernachlässigen (s. Gleichung 44)

(56) $$\xi = \frac{E-g}{r},$$

die rechte Ausweichung ergiebt entsprechend

(57) $$\eta = \frac{E-G}{R},$$

ausserdem haben wir noch nach dem Schluss des §. 22

(58) $$\eta = \alpha - \gamma - \xi.$$

Es sind also für 8 unbekannte Grössen nur 5 Gleichungen

vorhanden; wir müssen daher noch 3 Grössen bestimmen. Diese Bestimmung muss entsprechend den in jedem Fall gestellten Bedingungen getroffen werden. Soll z. B. eine Curvenausweichung construirt werden, bei der mit Rücksicht auf die vorhandenen Schienenlängen E etwa $=$ 17,80 genommen werden soll, ferner der Radius des Hauptgleises $=$ 1130 m. und die Gerade vor der Herzstückspitze im Hauptgleis $=$ 3 m. sein soll, so wären die noch zu bestimmenden 3 Grössen gegeben, nämlich $E = 17{,}80$; $r = 1130$ und $g = 3$; die übrigen 5 noch fehlenden Grössen liessen sich demnach durch Rechnung mit Hülfe der letzten 5 Gleichungen feststellen. Unter den als bekannt angenommenen Grössen befindet sich auch der Herzstückwinkel α; setzt man nun für α einen beliebigen der üblichen Werthe ein, so werden häufig die durch Rechnung erhaltenen übrigen Werthe für die Praxis unbrauchbar sein, da es für R und r Minimalwerthe giebt und da ferner g und G stets positiv sein müssen. Damit man nun den richtigen Werth von α den gestellten Bedingungen entsprechend bestimmen kann, müsste man, wie dies für die geraden Ausweichungen geschehen, eine Tabelle aufstellen. Die Aufstellung einer solchen Tabelle nach den 5 Gleichungen ist nicht schwierig. Man würde zunächst aus Gleichung 54 und 55 mit Rücksicht darauf, dass $S = s + S - s$, folgende Gleichung zusammenstellen können:

$$G = \frac{2\,P - E\,(\alpha + \gamma) - g\,\xi}{\eta}. \tag{59}$$

Man müsste dann verschiedene Werthe von E, g und r annehmen, hiernach nach Gleichung 56 den Werth von ξ, dann aus Gleichung 58 η, dann aus Gleichung 59 G und zuletzt aus Gleichung 57 R berechnen. Eine solche Tabelle würde indessen ziemlich umfangreich und daher nicht übersichtlich genug werden. Die ganzen Berechnungen werden nun wesentlich einfacher, sobald man, was in der Praxis auch meistens geschehen wird, $g = G$ setzt. Man erhält dann folgende einfache Gleichungen:

aus Gleichung 59

$$E = \frac{2\,P - g\,(\alpha - \gamma)}{\alpha + \gamma}, \tag{60}$$

ferner aus Gleichung 56 und 57

$$\xi = \frac{E - g}{r}, \tag{61}$$

(62) $$\eta = \frac{E - g}{R}.$$

Mit Hülfe dieser 3 Gleichungen sowie der Gleichung 58 sind Tabelle IV und V im Anhang berechnet.

Aus der Symmetrie dieser Gleichungen geht zunächst hervor, dass man die Werthe von r und R mit einander vertauschen kann. Ferner ergiebt sich aus Gleichung 60 der sehr wichtige Satz, dass, wenn die Weiche und der Herzstückwinkel sowie die Bedingung $g = G$ gegeben sind, E bestimmt ist, sobald g gegeben ist und umgekehrt g bestimmt ist, sobald E gegeben ist, dass also die Werthe von r und R ohne Einfluss auf die Werthe von g und E sind. Da man, um auch die Curvenausweichungen ohne Hauschienen construiren zu können, den Werth von E annehmen wird, so muss man stets zunächst g berechnen; es geschieht dies nach folgender Gleichung, die sich aus Gleichung 60 ergiebt:

(63) $$g = \frac{2P - E(\alpha + \gamma)}{\alpha - \gamma},$$

Beispiele.

§. 25. Es soll in nachfolgenden Beispielen dasjenige Gleis, in welchem die eine gerade Mutterschiene (s. Fig. 28 und 29) liegt, als Hauptgleis bezeichnet werden.

1. Eine Curvenausweichung mit Krümmung im entgegengesetzten Sinn ist zu construiren; Radius des Hauptgleises r sei = 500 m., während der Radius des abzweigenden Gleises grösser als 180 m. sein soll. Die Geraden vor dem Herzstück seien in beiden Gleisen gleich gross, jedoch nicht kleiner als 3 m.

Hauschienen sollen nicht verwandt werden, dagegen stehen zur Disposition Schienen in folgenden Längen: 5 m.; 5,649 m.; 6 m.; 6,591 m. und 7,532 m. Die Weiche, welche zu verwenden ist, hat gerade Zungen von 5 m. Länge, einen Fahrkantenabstand an der Zungenwurzel von 0,112 m., also einen Zungenwinkel = $1^0\ 17'$. Die Entfernung von Herzstückspitze bis Stoss vor dem Herzstück sei = 1 m. Die Ausweichung soll möglichst kurz werden.

Diese Aufgabe ist mit Hülfe der Tabelle IV zu lösen; da Krümmung im entgegengesetzten Sinn gefordert ist, so fallen zunächst alle Werthe aus, für welche r negativ wird.

Da die Ausweichung möglichst kurz sein soll, so muss α möglichst gross genommen werden. $\alpha = \frac{1}{7}$ ist nach der Tabelle nicht zulässig, da für $g = 3$ m die Werthe von r und $R = 179$ m. resp. 180 m. sind; wenn nun auch diese Werthe von g unabhängig sind, so ist doch immer nach §. 23 mit dem Wachsen des einen Werthes ein Abnehmen des andern verbunden; wir würden also, wenn $r = 500$, also grösser als der Tabellenwerth gesetzt würde, für R einen noch kleineren Werth, also kleiner als 180 m., erhalten. Derselbe Uebelstand tritt bei $\alpha = \frac{1}{8}$ auf; es muss daher ein Herzstück 1 : 9 gewählt werden. Es ist jetzt die Grösse von E zu bestimmen; nach Tabelle IV ist bei Herzstück 1 : 9 für $E = 17{,}17$ m., $g = 4$ m., $r = 849$ m. und $R = 180$ m.; würden wir nun $r = 500$ m., also kleiner annehmen, so müsste R, wie gefordert, nach §. 23 grösser als 180 m. werden. Mit Rücksicht auf die zur Disposition stehenden Schienenlängen würde man setzen können $E = 5{,}00 + 5{,}649 + 5{,}649 + 1{,}00 + 0{,}02 = 17{,}318$ m., bei dieser Grösse von E würde g etwas kleiner als 4 m. werden, also der gestellten Bedingung genügen.

Es ist nun zunächst g nach Gleichung 63 zu berechnen und zwar ist

$$g = \frac{2P - E(\alpha + \gamma)}{\alpha - \gamma},$$

$$P = S - p = 1{,}435 - 0{,}112 = 1{,}323,$$

$$\alpha = \frac{1}{9} = 0{,}1111; \quad tg\gamma = tg\, 1^0\, 17' = 0{,}0224 = \gamma,$$

also $$\alpha + \gamma = 0{,}1335 \text{ und } \alpha - \gamma = 0{,}0887,$$

also $$g = \frac{2{,}646 - 17{,}318\,(0{,}1335)}{0{,}0887} = \frac{0{,}334}{0{,}0887} = 3{,}76 \text{ m.} = g.$$

Nach Gleichung 61 ist:

$$\xi = \frac{E - g}{r} = \frac{17{,}318 - 3{,}76}{500} = 0{,}0271;$$

nach Gleichung 58 ist:

$$\eta = \alpha - \gamma - \xi = 0{,}1111 - (0{,}0224 + 0{,}0271) = 0{,}0616$$

und endlich aus Gleichung 62 folgt:

$$R = \frac{E - g}{\eta} = \frac{17{,}318 - 3{,}76}{0{,}0616} = 220 \text{ m.} = R.$$

2. Dieselbe Aufgabe, doch soll die Curvenausweichung mit

Krümmung im gleichen Sinn construirt werden; als Minimalwerth für g sei 2 m. angenommen.

Es kommen, da Krümmung im gleichen Sinn verlangt ist, zur Lösung dieser Aufgabe nur diejenigen Werthe der Tabelle IV in Betracht, für welche r negativ wird; die Bedingungen werden annähernd erfüllt bei einem Werth von $E = 22{,}15$ unter Anwendung eines Herzstücks 1:11. Für ein Herzstück 1:10 würde nach Tabelle IV bei $g = 2$ m. und $R = 180$ m. der Werth von $r = 755$ m., also grösser als 500 m. sein, wenn nun auch r und R nach §. 24 ohne Einfluss auf die Werthe von g und E sind, so hat andererseits nach §. 23 bei Krümmung im gleichen Sinn ein Abnehmen des einen Radius auch ein Abnehmen des andern Radius zur Folge, es würde mithin wenn r kleiner als 755 m. genommen würde, R kleiner als 180 m. werden. Dasselbe würde bei einem Herzstück 1:9 der Fall sein. Ein Herzstück 1:12 würde allerdings die gestellten Bedingungen erfüllen, ist indessen nicht so zweckmässig als ein Herzstück 1:11, weil bei letzterem E kleiner wird. Man wird also E annähernd $= 22{,}15$ m. wählen, oder mit Rücksicht auf die Schienenlängen

$$E = 6{,}00 + 7{,}532 + 7{,}532 + 1{,}00 + 0{,}02 = 22{,}084 \text{ m.}$$

$$r = -500 \text{ m}; \quad \alpha = \frac{1}{11} = 0{,}0909; \quad \gamma = 0{,}0224;$$

$$\alpha + \gamma = 0{,}1133; \quad \alpha - \gamma = 0{,}0685.$$

Nach Gleichung 63 ist:

$$g = \frac{2P - E(\alpha + \gamma)}{\alpha - \gamma} = \frac{2{,}646 - 22{,}084 \,.\, (0{,}1133)}{0{,}0685} = 2{,}10 \text{ m.} = g.$$

Nach Gleichung 61 ist:

$$\xi = \frac{E - g}{r} = \frac{22{,}084 - 2{,}10}{-500} = -0{,}0399 = \xi.$$

Nach Gleichung 58 ist:

$$\eta = \alpha - \gamma - \xi = 0{,}0909 - 0{,}0224 - (-0{,}0399) =$$
$$= 0{,}0909 - 0{,}0224 + 0{,}0399 = 0{,}1084 = \eta.$$

Nach Gleichung 62 ist:

$$R = \frac{E - g}{\eta} = \frac{22{,}084 - 2{,}10}{0{,}1084} = 185 \text{ m.} = R.$$

3. Dieselbe Aufgabe, wie ad 1 mit der Modification, dass eine Weiche mit gekrümmten Zungen verwandt werden soll nach

der Anordnung des §. 11 No. 3a und unter Annahme der in dem dortigen Zahlenbeispiel gegebenen Abmessungen. Es ist also

$$\gamma = 2^0\, 4'\, 44'' = 0{,}0363;$$

der Minimalwerth von g sei = 2 m. Da Krümmung im entgegengesetzten Sinn gefordert, so fallen alle Werthe der Tabelle V aus, für welche r negativ wird. Ein Herzstück 1:7 wird nicht genügen, da nach Tabelle V bei g = 2 m. der Werth von r = 273 für R = 180 m; würde r grösser gewählt, so würde R nach §. 23 kleiner werden, also nicht mehr genügen.

Nach Tabelle V werden indessen die gestellten Bedingungen erfüllt bei einem Herzstück 1:8, wenn E = 15,30 m. gesetzt wird. Mit Rücksicht auf die Schienenlängen setzen wir:

$$E = 7{,}532 + 6{,}591 + 1{,}00 + 0{,}015 = 15{,}138.$$

Dadurch dass wir den Werth von E etwas kleiner nehmen, als 15,30 wird nach der Tabelle g etwas grösser als 2 m. werden müssen; da ferner aus der Tabelle hervorgeht, dass unter diesen Annahmen für r = 899 der Werth von R = 180 wird, so muss, wenn wir r = 500, also kleiner annehmen, der Werth von R wachsen, also grösser als 180 m. werden.

Also $r = 500;\ E = 15{,}138;\ \alpha = \frac{1}{8} = 0{,}1250;\ \gamma = 0{,}0363;$

$$\alpha + \gamma = 0{,}1613;\ \alpha - \gamma = 0{,}0887.$$

Nach Gleichung 63 ist:

$$g = \frac{2P - E(\alpha + \gamma)}{\alpha - \gamma} = \frac{2{,}646 - 15{,}138\,.\,(0{,}1613)}{0{,}0887} = 2{,}30 = g.$$

Nach Gleichung 61 ist:

$$\xi = \frac{E - g}{r} = \frac{15{,}138 - 2{,}30}{500} = 0{,}0257 = \xi.$$

Nach Gleichung 58 ist:

$$\eta = \alpha - \gamma - \xi = 0{,}1250 - 0{,}0363 - 0{,}0257 = 0{,}063 = \eta.$$

Nach Gleichung 62 ist:

$$R = \frac{E - g}{\eta} = \frac{15{,}138 - 2{,}30}{0{,}063} = 204 \text{ m.} = R.$$

4. An die Endausweichung eines Rangirbahnhofes schliesst sich das Streckengleis mit einer Curve von 1000 m. Radius an. Behufs Vergrösserung des Bahnhofes soll die Endausweichung nach der Strecke zu verlegt und zu diesem Zweck die Curve an

der betreffenden Stelle durch Einschaltung zweier Geraden (g_1) in Form von Tangenten von je 6 m. Länge verändert werden. Die Curvenausweichung ist mit Krümmung im entgegengesetzten Sinn auszuführen und soll vor dem Herzstück 2 gleich lange Gerade von 3—4 m. Länge erhalten. Es stehen nur Schienenlängen von 5 m., 6,5 m. und 6 m. zur Verfügung; Hauschienen dürfen nicht verwandt werden. Die einzulegende Weiche mit geraden Zungen soll die im ersten Beispiel angegebenen Abmessungen haben. Der Radius des abzweigenden Gleises sei grösser als 180 m. Wie gross werden die Radien der Curvenausweichung?

Es ist zunächst annähernd der Radius des Hauptgleises festzustellen. Bezeichnen wir den Radius der Strecken-Curve mit ϱ, so ist nach Gleichung 34:

$$r = \frac{L \cdot \varrho}{L + 2 g_1} \text{ oder } \frac{r}{\varrho} = \frac{L}{L + 12}.$$

Da die Verbindungscurve L gleich der Weichencurve werden muss, so ist $L = E - g$,

also $$\frac{r}{1000} = \frac{E - g}{(E - g) + 12}.$$

Nach Tabelle IV kann den gestellten Bedingungen nur genügt werden durch Anwendung eines Herzstückes 1 : 8 oder 1 : 9; denn bei Herzstück 1 : 7 werden die Radien für $g = 3$ bis 4 m. kleiner als 180 m. und bei den Herzstücken 1 : 10, 1 : 11 und 1 : 12 entstehen für $g = 3$ bis 4 m. Krümmungen im gleichen Sinn, da r negativ wird. Es würde danach bei 4 m. Herzstückgerade $E = 15{,}17$ bei Herzstück 1 : 8 oder $= 17{,}17$ bei Herzstück 1 : 9, also $E - g = 11{,}17$ oder 13,17 sein müssen, also

$$\frac{r}{1000} = \frac{11{,}17}{23{,}17} \text{ oder } = \frac{13{,}17}{25{,}17},$$

d. h. annähernd $r = \frac{\varrho}{2} = 500$. Würde man nun ein Herzstück 1 : 8 wählen und bei einer Herzstückgeraden von 4 m. den Werth von $r = 500$ m. setzen, so folgt aus Tabelle IV, dass dann R kleiner als 180 m. würde, da nach §. 23 mit dem Wachsen von r ein Abnehmen von R verbunden ist; es ist also nur ein Herzstück 1 : 9 möglich, also E annähernd $= 17{,}17$ m. anzunehmen. Mit Rücksicht auf die Schienenlängen sei

$$E = 5{,}00 + 5{,}00 + 6{,}00 + 1{,}00 + 0{,}02 = 17{,}02 \text{ m.},$$

also nach Gleichung 63

$$g = \frac{2P - E(\alpha + \gamma)}{\alpha - \gamma} = \frac{2{,}646 - 17{,}02\,(0{,}1335)}{0{,}0887},$$

[($\alpha + \gamma$) und ($\alpha - \gamma$) sind im ersten Beispiel berechnet].

also $g = 4{,}21.$

$$E - g = L = 17{,}02 - 4{,}21 = 12{,}81,$$

also nach Gleichung 34

$$r = \frac{L \,.\, \varrho}{L + 2g_1} = \frac{12{,}81 \,.\, 1000}{12{,}81 + 12} = 516 \text{ m.} = r.$$

Nach Gleichung 61 ist:

$$\xi = \frac{E - g}{r} = \frac{12{,}81}{516} = 0{,}0248;$$

nach Gleichung 58 ist:

$$\eta = \alpha - \gamma - \xi = 0{,}1111 - 0{,}0224 - 0{,}0248 = 0{,}0639;$$

nach Gleichung 62 ist:

$$R = \frac{E - g}{\eta} = \frac{12{,}81}{0{,}0639} = 200 \text{ m.} = R.$$

5. Dieselbe Aufgabe, doch soll die Curvenausweichung mit Krümmung im gleichen Sinn construirt werden.

Der Radius des Hauptgleises ist zunächst wieder annähernd festzustellen; es ist nach Gleichung 34:

$$r = \frac{L \,.\, \varrho}{L + 2g_1}$$

Nach Tabelle IV kann nur ein Herzstück 1 : 10 oder 1 : 11 oder 1 : 12 verwandt werden, es würde also, wenn wir den Mittelwerth annehmen, $L = E - g = 16{,}94$ zu setzen sein, also r annähernd

$$= \frac{16{,}94 \,.\, 1000}{16{,}94 + 12} = \text{rot } 580 \text{ m.}$$

werden. Für diesen Werth von r wird nach Tabelle IV der Werth von R bei Herzstücken 1 : 10 und 1 : 11 kleiner als 180 m., folglich ist nur ein Herzstück 1 : 12 zulässig. Bei 4 m. Herzstückgerade müsste $E = 22{,}72$ m. werden, mit Rücksicht auf die Schienenlängen setzen wir:

$$E = 5 + 5 + 6 + 6 + 1 + 0{,}025 = 23{,}025,$$

$$\alpha = \frac{1}{12} = 0{,}0833; \; \gamma = 0{,}0224,$$

$$\alpha + \gamma = 0{,}1057; \; \alpha - \gamma = 0{,}0609.$$

Nach Gleichung 63 ist:

$$g = \frac{2P - E(\alpha + \gamma)}{\alpha - \gamma} = \frac{2{,}646 - 23{,}025\,(0{,}1057)}{0{,}0609} = 3{,}50,$$

$$E - g = L = 19{,}525.$$

Nach Gleichung 34 ist:

$$r = \frac{L \,.\, \varrho}{L + 2g_1} = \frac{19{,}525 \,.\, 1000}{19{,}525 + 12} = 619 \text{ m.} = r,$$

(negativ, weil die Krümmung im gleichen Sinn verlangt ist).

Nach Gleichung 61 ist:

$$\xi = \frac{E - g}{r} = \frac{19{,}525}{-619} = -0{,}0315.$$

Nach Gleichung 58 ist:

$$\eta = \alpha - \gamma - \xi = 0{,}0833 - 0{,}0224 - (-0{,}0315)$$

$$= 0{,}0609 + 0{,}0315 = 0{,}0924.$$

Nach Gleichung 62 ist:

$$R = \frac{E - g}{\eta} = \frac{19{,}525}{0{,}0924} = 211 \text{ m.} = R.$$

6. Aufgabe 4 mit der Modification, dass die beiden einzuschaltenden Geraden als Theile einer Sehne construirt werden sollen, damit der Radius des Hauptgleises möglichst wenig von dem Radius der Streckencurve abweiche. Der Radius der Anschlusscurve r_1 sei gleich 900 m.

Nach den gestellten Bedingungen können wir annähernd $r = 1000$ m. setzen. Aus Tabelle IV ergiebt sich, dass für diesen Werth von r nur ein Herzstück 1 : 9 den gestellten Bedingungen genügt. Es ist danach annähernd $E = 17{,}83$ m. zu setzen, also mit Rücksicht auf die Schienenlängen:

$$E = 5 + 5 + 6{,}5 + 1 + 0{,}02 = 17{,}52.$$

Es ist nun zunächst der Werth von r auszurechnen. Nach §. 9 No. 1 ist $\sin \mu = \frac{g}{R - r}$, oder wenn wir die hier gewählten Bezeichnungen einführen:

$$\sin \mu = \frac{g_1}{\varrho - r_1} = \frac{6}{100},$$

also $$\mu = 3^0\, 26'\, 24'';$$

ferner ist nach demselben Paragraphen

$$r = r_1 + g_1 \operatorname{cotg} \mu = 900 + 6 \operatorname{cotg} 3^0\, 26'\, 25'' = 999{,}8 = r.$$

Jetzt wird g ausgerechnet nach Gleichung 63, demnächst ξ, η und R wie in den vorhergehenden Beispielen.

V. Englische Ausweichungen.

§. 26. Bekanntlich ist es mit Rücksicht auf die Betriebssicherheit erwünscht, den Kreuzungswinkel einer englischen Ausweichung möglichst stumpf, jedenfalls die Tangente desselben nicht kleiner als $\frac{1}{10}$ zu nehmen. Da nun bei einer steileren Neigung als $\frac{1}{10}$, namentlich bei Anwendung von geraden Zungen, der Radius der Verbindungscurve verhältnissmässig klein ausfällt, so ist es zweckmässig, die Lage der Zungenspitzen möglichst nahe den äusseren einfachen Herzstücken anzunehmen; diese Entfernung muss indessen stets so gewählt werden, dass für die Breite der Zungen an den Spitzen und für den Aufschlag der Zungen der erforderliche Raum verbleibt. Es geht hieraus hervor, dass in dieser Beziehung eine Construction, bei der sich die Zungen in gleicher Richtung bewegen, günstiger ist als eine solche, bei der sich die Zungen in entgegengesetzter Richtung bewegen, denn im ersten Fall ist ein einfacher Aufschlag, im zweiten Fall ein doppelter Aufschlag, d. h. eine um 100 mm. grössere Breite erforderlich.

Nehmen wir das für die Breite der Zungenspitzen incl. der zur Befestigung nöthigen Constructionstheile erforderliche Minimal-Maass zu 180 mm. an, so würde die geringste Entfernung zwischen den Fahrkanten an der Zungenspitze gemessen $180 + 100 = 280$ mm. sein können. Bezeichnen wir diese Entfernung mit n und die Entfernung von Zungenspitze bis Herzstückspitze mit g, so folgt aus Fig. 30:

$$g = \frac{n}{2 \sin \frac{\alpha}{2}}. \tag{64}$$

Hieraus ergiebt sich g minimum für die verschiedenen Herzstücke, wenn $n = 280$ mm. gesetzt wird

$$g^{\min} = \frac{0{,}140}{\sin \frac{\alpha}{2}}.$$

Herzstück 1 :	g minimum
7	1,975
8	2,253
8,5	2,3925
9	2,532
9,5	2,6715
10	2,811

§. 27. Die Entfernung L zwischen den beiden äusseren Herzstückspitzen ist nach Fig. 30:

$$L = \frac{S}{\sin\frac{\alpha}{2}}. \tag{65}$$

Es ergiebt sich ferner ohne Weiteres aus Fig. 30 für gerade Zungen von l m. Länge:

$$\frac{L}{2} = g\cos\frac{\alpha}{2} + l\cos\left(\frac{\alpha}{2} - \gamma\right) + R\sin\left(\frac{\alpha - 2\gamma}{2}\right)$$

oder

$$\frac{S}{2\sin\frac{\alpha}{2}} = g\cos\frac{\alpha}{2} + l\cos\left(\frac{\alpha}{2} - \gamma\right) + R\sin\left(\frac{\alpha - 2\gamma}{2}\right) \tag{66}$$

und hieraus:

$$R = \frac{\frac{S}{2\sin\frac{\alpha}{2}} - g\cos\frac{\alpha}{2} - l\cos\left(\frac{\alpha - 2\gamma}{2}\right)}{\sin\left(\frac{\alpha - 2\gamma}{2}\right)}. \tag{67}$$

Für gekrümmte Zungen ergiebt sich nach den Bezeichnungen der Fig. 21:

$$R = \frac{\frac{S}{2\sin\frac{\alpha}{2}} - g\cos\frac{\alpha}{2} - l\cos\left(\frac{\alpha - 2\eta}{2}\right)}{\sin\left(\frac{\alpha - 2\gamma}{2}\right)} \tag{68}$$

Für die Praxis wird es meistens genügen, wenn man in diesen Gleichungen statt des sinus den Bogen einführt und den cosinus der kleinen Winkel $= 1$ setzt; wir erhalten dann die sehr einfache für gerade und gekrümmte Zungen gültige Gleichung:

(69) $$R = \frac{2S - 2\alpha(g + l)}{\alpha(\alpha - 2\gamma)}.$$

Eine englische Ausweichung ohne Hauschienen herzustellen, wird man nur dann erreichen, wenn auch kürzere Schienenlängen zur Verfügung stehen und wenn man die Schenkel der Herzstücke und Kreuzungsstücke sowie die Länge von Zungenspitze bis Stoss der Rechnung entsprechend herstellen kann. Bezeichnet man die Entfernung von Zungenwurzel bis Zungenwurzel mit E, so ist:

(70) $$E = R(\alpha - 2\gamma).$$

Lässt sich nun die berechnete Länge E nicht mit den zur Verfügung stehenden Schienenlängen genau herstellen, so müsste man die Weiche je nach den Umständen näher nach dem Herzstück oder nach dem Kreuzungsstück rücken, so dass E die gewünschte Länge bekommt, und dann entsprechend der Lage der Weiche die Schenkellängen des Herzstücks und Kreuzungsstücks bestimmen. Je nachdem man die Weiche näher nach dem Herzstück oder nach dem Kreuzungsstück rückt, wird der ursprünglich berechnete Radius entweder grösser oder kleiner.

Nach vorstehenden Näherungsgleichungen ist Tabelle VI für Weichen mit 5 m. langen Zungen und einem Fahrkantenabstand an der Zungenwurzel $p = 0{,}112$ m. berechnet; die Werthe für γ sind nach §. 11 festgesetzt.

Beispiele.

§. 28. 1. Es soll eine englische Ausweichung mit möglichst grossem Kreuzungswinkel construirt werden. Die zu verwendenden Weichen haben gerade Zungen von 5 m. Länge und einen Fahrkantenabstand an der Zungenwurzel $= 0{,}112$ m. Soweit angänglich ist die Ausweichung ohne Hauschienen zu construiren; es stehen Schienen von 4,708; 5,649 und 6,591 m. Länge zur Verfügung. Der Radius darf nicht kleiner als 180 m. sein.

Nach Tabelle VI genügt den Bedingungen ein Herzstück 1 : 9,5. Danach muss $E = 12{,}06$ m. oder kleiner angenommen werden. Mit Rücksicht auf die zur Disposition stehenden Schienen wird man setzen

$$E = 5{,}649 + 5{,}649 + 0{,}015 = 11{,}313 \text{ m.}$$

Der Radius ergiebt sich nach Gleichung 70:

$$R = \frac{E}{\alpha - 2\gamma} = \frac{11,313}{0,0605} = 187 \text{ m.}$$

Die Länge zwischen beiden Herzstückspitzen ergiebt sich aus Gleichung 65:

$$L = \frac{S}{\sin\frac{\alpha}{2}} = \frac{1,435}{\sin 3^{0}\,0'\,16''} = 27,380 \text{ m.} = L.$$

Die zur Construction jetzt noch fehlenden Grössen ergeben sich durch einfache Rechnungen, welche ohne Weiteres aus Fig. 30 ersichtlich sind.

2. Dieselbe Aufgabe, doch sollen Weichen mit gekrümmten Zungen zur Verwendung kommen nach den im §. 11 No. 3a angegebenen Abmessungen.

Nach Tabelle VI genügt ein Herzstück 1 : 8,5 den Bedingungen. E lässt sich ohne Hauschienen herstellen, wenn es angenommen wird $= 4,708 + 4,708 + 0,015 = 9,431$ m.

Nach Gleichung 70 ist:

$$R = \frac{E}{\alpha - 2\gamma} = \frac{9,341}{0,0451} = 207 \text{ m.}$$

Nach Gleichung 65 ist:

$$L = \frac{S}{\sin\frac{\alpha}{2}} = \frac{1,435}{3^{0}\,21'\,18''} = 24,521 \text{ m.} = L.$$

§. 29. Noch einfacher gestaltet sich die Rechnung bei Anwendung gekrümmter Zungen, wenn die Krümmungsradien der Zungen und der Verbindungscurve gleich gross sind; es fällt dann in Gleichung 68 das Glied mit l ganz fort während γ in ξ übergeht. (s. Fig. 21.) Man erhält so folgende Gleichung:

$$\text{(71)} \qquad \sin\left(\frac{\alpha - 2\xi}{2}\right) = \frac{S}{2r\sin\frac{\alpha}{2}} - g\,\frac{\cos\frac{\alpha}{2}}{r}.$$

Beispiel.

Es soll eine englische Ausweichung construirt werden, deren gekrümmte Zungen und deren Verbindungscurve einen Radius $= 200$ m. haben. Die Tangente des Kreuzungswinkel betrage $\frac{1}{7}$, die Entfernung der Zungenspitzen von den Herzstückspitzen 1,975 m. Unter welchem Winkel (ξ) muss die gekrümmte Zunge von der Mutterschiene abgehen?

Nach Gleichung 71 ist:

$$\sin\left(\frac{\alpha - 2\xi}{2}\right) = \frac{1{,}435}{400 \sin 4^0\, 3'\, 54''} - \frac{1{,}975 \,.\, \cos 4^0\, 3'\, 54''}{200}$$

$$= 0{,}05061 - 0{,}00985 = 0{,}04076$$

oder $\quad \measuredangle \frac{\alpha - 2\xi}{2} = 2^0\, 20'\, 10''$ und daraus $\xi = 1^0\, 43'\, 44''$.

Die Zungenlänge l findet man nach §. 11 No. 3b nämlich:

$$l = \sqrt{2\,r\,p + r^2\,\xi^2} - r\,\xi.$$

$r = 200$; $\xi = 1^0\, 43'\, 44'' = 0{,}0302$; p sei wie früher $= 0{,}112$ m.; diese Werthe eingesetzt, giebt

$$l = \sqrt{400 \,.\, 0{,}112 + (200 \,.\, 0{,}0302)^2} - 200 \,.\, 0{,}0302 = 2{,}976 \text{ m.} = l.$$

DRITTES KAPITEL.

Verbindungsgleise der Ausweichungen.

I. Allgemeines.

§. 30. Bei den nachfolgenden Berechnungen werden stets die Ausweichungen selbst in ihren Abmessungen als bekannt angenommen. Im §. 19 wurde die Entfernung vom Weichenmittelpunct bis zur Herzstückspitze mit L bezeichnet; die Entfernung vom Weichenmittelpunct bis zur Zungenspitze wäre also $= E - L$ + Zungenlänge. Da nun bei den nachfolgenden Berechnungen vorzugsweise die Lage des Stosses vor der Zungenspitze und des Stosses hinter der Herzstückspitze in Betracht kommt, so soll stets die Entfernung vom Weichenmittelpunct bis zu diesen Stössen mit a resp. b bezeichnet werden (s. Fig. 31). Es sei ferner $l =$ Zungenlänge, $c =$ Entfernung von Zungenspitze bis zum vorliegenden Stoss und $d =$ Entfernung von Herzstückspitze bis zum hinterliegenden Stoss, dann ist

$$a = E - L + l + c \text{ und} \tag{72}$$

$$b = L + d. \tag{73}$$

Die Grössen c und d werden willkürlich (selbstredend mit Rücksicht auf die praktische Herstellung der Weiche und des Herzstücks) angenommen; die Grössen E, L und l sind aus dem zweiten Kapitel bekannt; es lassen sich also stets a und b aus den letzten beiden Gleichungen berechnen.

§. 31. Die Verbindungsgleise, welche nachstehend berechnet werden sollen, dienen entweder zur Verbindung einer End-Ausweichung mit einem Gleise, oder zur Verbindung zweier Ausweichungen oder zur Verbindung mehrerer Ausweichungen zu einer Weichenstrasse. Die zu verbindenden Gleise, in denen die Ausweichungen liegen, können entweder gerade oder gekrümmt sein, ferner im ersteren Falle entweder parallel oder nicht parallel, im zweiten Fall entweder concentrisch oder excentrisch sein. Ausserdem können die Verbindungsgleise selbst entweder gerade oder einfach gekrümmt sein oder die Form einer Contrecurve haben. Die Berechnungen von Verbindungsgleisen zwischen gekrümmten Gleisen kommen selten in der Praxis vor; da dieselben theilweise sehr complicirt sind und meistens vermieden werden können, so werden nur einzelne Fälle Berücksichtigung finden. Es sollen in Nachfolgendem sowohl die genauen als auch die Näherungsgleichungen aufgeführt, für die Beispiele dagegen vorzugsweise die Näherungsgleichungen benutzt werden.

II. Verbindungsgleise bei Endausweichungen.

A. Beide zu verbindende Gleise seien gerade.

1. Gerade Verbindungsgleise.

§. 32. Bei Endausweichungen ist ein gerades Verbindungsgleis nur dann möglich, wenn die verlängerte Mittellinie des zu verbindenden Gleises den Weichenmittelpunct trifft und mit dem Hauptgleis der Ausweichung einen Winkel gleich dem Herzstückwinkel bildet (s. Fig. 32).

2. Einfach gekrümmte Verbindungsgleise.

a) Beide zu verbindende Gleise seien parallel.

§. 33. Bezeichnen wir (Fig. 33) mit h die Entfernung der Gleise von Mitte zu Mitte, mit f die Entfernung vom Herzstückstoss bis zum Curvenanfang, mit k die Entfernung von dem Weichenmittelpunct bis zum Endpunct der Curve in der Richtung des ersten Gleises gemessen, so ergiebt sich ohne Weiteres aus Fig. 32:

(74) $$t = r\,tg\,\frac{\alpha}{2},\ \text{resp.}\ t = r\,.\,\frac{\alpha}{2}.$$

(75) $$h = (b + f + t)\sin\alpha,$$
$$\text{resp.}\ h = (b + f + t)\,.\,\alpha.$$

$$(76)\qquad k = h \operatorname{cotg} \alpha + t,$$

$$\text{resp.}\quad k = \frac{h}{\alpha} + t.$$

Mit Hülfe dieser Gleichungen werden in jedem einzelnen Fall die unbekannten Grössen leicht zu ermitteln sein.

Beispiel.

Zwei gerade parallele Gleise, deren Entfernung von Mitte zu Mitte 8 m. beträgt, sollen durch eine Endausweichung mit einander verbunden werden. Der Radius der Verbindungscurve ist möglichst gross und die Gerade zwischen beiden Gegenkrümmungen = 8 m. zu nehmen. Das Herzstück 1 : 11, welches zur Verwendung kommen soll, ist so construirt, dass die Entfernung von der Herzstückspitze bis zum hinterliegenden Stoss $d = 1{,}3$ m. beträgt; die Gerade vor der Herzstückspitze sei = 3,7 m.

Da bis Herzstückstoss bereits eine Gerade von 1,3 + 3,7 = 5 m. vorhanden, so folgt, dass $f = 8 - 5 = 3$ m. gewählt werden muss. Nach Gleichung 73 ist

$$b = L + d = 15{,}807 + 1{,}3 = 19{,}107 \quad (\text{s. §. 19})$$

und aus Gleichung 75 folgt

$$t = \frac{h}{\alpha} - (b + f) = 11 \,.\, 8 - 22{,}107 = 65{,}893.$$

Aus Gleichung 74 folgt

$$r = \frac{2\,t}{\alpha} = 2 \,.\, 11 \,.\, 65{,}893 = \text{rot } 1450 \text{ m.}$$

und endlich nach Gleichung 76 ist:

$$k = \frac{h}{\alpha} + t = 11 \,.\, 8 + 65{,}893 = 153{,}893 \text{ m.}$$

b) Beide zu verbindende Gleise seien nicht parallel.

§. 34. Bezeichnen wir mit β den Winkel, unter dem sich die verlängerten Gleismittellinien schneiden, und mit e die Entfernung zwischen dem Schnittpunkt dieser Mittellinien und dem Weichenmittelpunkt, so erhalten wir nach Fig. 34 folgende Gleichungen:

$$(77)\qquad b + f + t = e \,.\, \frac{\sin \beta}{\sin (\alpha - \beta)},$$

$$\text{resp.}\quad b + f + t = e \,.\left(\frac{\beta}{\alpha - \beta}\right).$$

(78) $$t = r\, tg\, \frac{\alpha - \beta}{2}$$

resp. $$t = r \,.\, \frac{\alpha - \beta}{2}\,.$$

(79) $$h = (b + f + t) \sin \alpha + t \sin \beta$$

resp. $$h = (b + f + t)\, \alpha + t \,.\, \beta.$$

(80) $$k = \frac{h}{tg\, \beta} - e$$

resp. $$k = \frac{n}{\beta} - e.$$

Beispiel.

Gegeben $tg\, \alpha = \frac{1}{10}$; $\beta = 2^0\, 47'$; $e = 60$ m.; $f = 2$ m.; $d = 1{,}3$ m.

Nach Gleichung 73 ist

$$b = L + d = 14{,}386 + 1{,}3 = 15{,}686 \text{ (s. §. 19)}.$$

$$tg\, \beta = 0{,}0486 = \beta;\; tg\, \alpha = 0{,}1 = \alpha;\; \alpha - \beta = 0{,}0514.$$

Aus Gleichung 77 folgt:

$$t = e\left(\frac{\beta}{\alpha - \beta}\right) - (b + f) = 60 \,.\, \frac{0{,}0486}{0{,}0514} - 17{,}686 = 56{,}73.$$

Nach Gleichung 78 ist:

$$r = \frac{2\,t}{\alpha - \beta} = \frac{113{,}46}{0{,}0514} = 2207.$$

Nach Gleichung 79 ist:

$$h = (b + f + t)\, \alpha + t \,.\, \beta = \frac{74{,}416}{10} + 56{,}73 \,.\, 0{,}0486 = 10{,}199.$$

Nach Gleichung 80 ist:

$$k = \frac{h}{\beta} - e = \frac{10{,}199}{0{,}0486} - 60 = 150.$$

3. Verbindungsgleise in Form einer Contrecurve.

§. 35. Man kann auch hier zwei Fälle unterscheiden, je nachdem das Hauptgleis der Weiche mit dem zu verbindenden Gleis parallel ist, oder nicht. In beiden Fällen kommt es nur darauf an, die Grösse von u zu berechnen (s. Fig. 36 und 37). Hat man u gefunden, so erfolgt die weitere Berechnung nach Gleichung 16.

Bezeichnet man mit $(b + f)$ die Entfernung vom Weichenmittelpunct bis zum Anfang der Contrecurve, mit h die Entfernung der beiden parallelen Gleise, mit α den Herzstückwinkel, mit β den Winkel, welchen die verlängerten Gleisrichtungen mit einander bilden und mit e die Entfernung des Weichenmittelpuncts vom Schnittpunct der beiden Gleisrichtungen, so ist bei parallelen Gleisen $\varepsilon = \alpha$, und bei nicht parallelen Gleisen $\varepsilon = \alpha - \beta$; ferner ist bei parallelen Gleisen (Fig. 35)

$$u = \frac{h}{\sin \alpha} - (b + f) \tag{81}$$

und bei nicht parallelen Gleisen (Fig. 36)

$$u = \frac{e \cdot \sin \beta}{\sin (\alpha - \beta)} - (b + f). \tag{82}$$

Beispiel. Fig. 37.

Das dritte Gleis einer Station soll in gerader den Hauptgleisen paralleler Richtung möglichst weit nach der in der Figur dargestellten Seite so fortgeführt werden, dass es in die hier vorhandene Weiche mittelst einer Contrecurve einmündet. $R = 300$ m.; $g = 10$ m. Die Entfernung des Weichenmittelpuncts bis zum Anfang der Curve sei $= 18$ m. Die Weiche habe ein Herzstück 1 : 10; $h = 10$ m; es wird also der Schnittpunct von dem verlängerten $(b + f)$ und der Richtung des dritten Gleises in der Richtung des zweiten Gleises gemessen (Fig. 35) vom Weichenmittelpunct 100 m. entfernt sein. Ausser den Tangenten soll die Länge v berechnet werden.

Nach Gleichung 81 ist:

$$u = \frac{h}{\sin \alpha} - (b + f) = \frac{10}{\sin 5^0 42' 38''} - 18 = 82{,}49.$$

Für die weitere Ausrechnung findet Gleichung 16 Anwendung. Es ist

$$\varepsilon = \alpha = 5^0 42' 38''; \; R = 300; \; g = 10; \text{ und } tg\, \varphi = \frac{g}{2R} = \frac{10}{600},$$

daraus $\varphi = 57^0 18'$.

Diese Werthe in Gleichung 16 eingesetzt giebt:

$$\cos (\varphi + \delta + \alpha) = \frac{[300 (1 + \cos \alpha) - 82{,}49 \sin \alpha] \cos \varphi}{600},$$

daraus	$\measuredangle (\varphi + \delta + \alpha)$	$= 10^0 21' 40''$
davon ab	$\varphi + \alpha$	$= 6^0 39' 56''$
bleibt	δ	$= 3^0 41' 44''$

$$T = R\,tg\,\frac{\delta}{2} = 300\ tg\ 1^{0}\,50'\,52'' = 9{,}678.$$

$$t = R\,tg\,\frac{\delta + \alpha}{2} = 300\ tg\ 4^{0}\,42'\,11'' = 24{,}68.$$

und nach Gleichung 14:

$$v = \frac{\sin\delta}{\sin\alpha}(T + t + g) - t = 30{,}35 - 24{,}68 = 5{,}67.$$

Da v positiv, so liegt der gesuchte Endpunct der Curve in dem vorliegenden Falle links von dem Schnittpunct. (Fig. 35.)

B) Beide zu verbindende Gleise seien concentrisch gekrümmt.

1. Das innere Gleis sei das durchgehende.

§. 36. Es sei (nach Fig. 38) R der Radius des Hauptgleises, r = Radius des Verbindungsgleises, h die Entfernung der Gleismitten und wie früher S = Spurweite, d = Entfernung von Herzstückspitze bis zum hinterliegenden Stoss, f und f_1 = Entfernung von Herzstückstoss bis zum Curvenanfang, α = Herzstückwinkel und ε = Centriwinkel der Verbindungscurve.

Gegeben sei d; R; r; f; α und h;
zu berechnen $d + f_1$ und ε.

Nach Fig. 38 ist $d + f_1 = EB - EC$; $EB^2 = AF^2 = AO^2 - OF^2$ oder wenn wir $AO = M$ und $OF = N$ setzen $EB^2 = M^2 - N^2$.

Aus der Figur ergiebt sich ohne Weiteres:

(83) $$AO = M = R - (r - h).$$

Ferner ist $OF = N = EO - EF = EO - AB$; die Werthe dieser Grössen ergeben sich leicht aus der Figur nämlich

$$EO = \left(R + \frac{S}{2}\right)\cos\alpha + (d + f)\sin\alpha \text{ und } AB = r - \frac{S}{2}, \text{ also}$$

(84) $$OF = N = \left(R + \frac{S}{2}\right)\cos\alpha + (d + f)\sin\alpha - r + \frac{S}{2}.$$

EC ergiebt sich ebenfalls aus der Figur nämlich

$$EC = \left(R + \frac{S}{2}\right)\sin\alpha - (d + f)\cos\alpha.$$

Setzen wir die gefundenen Werthe in die ursprüngliche Gleichung $d + f_1 = EB - EC$ ein, so erhalten wir:

$$d + f_1 = \sqrt{M^2 - N^2} - \left[\left(R + \frac{S}{2}\right) \sin \alpha - (d + f) \cos \alpha\right]$$

oder für die Rechnung bequemer:

$$(85) \qquad d + f_1 = \sqrt{(M + N) \, . \, (M - N)} + $$
$$+ (d + f) \cos \alpha - \left(R + \frac{S}{2}\right) . \sin \alpha.$$

$tg\, \varepsilon = \frac{AF}{OF}$ oder wenn wir die gefundenen Werthe einsetzen:

$$tg\, \varepsilon = \frac{\sqrt{M^2 - N^2}}{N}$$

oder für die Rechnung bequemer:

$$(86) \qquad tg\, \varepsilon = \frac{\sqrt{(M + N) \, . \, (M - N)}}{N}.$$

Die gegebenen Stücke müssen so gewählt werden, dass $d + f_1$ nicht negativ wird; r muss stets kleiner als R sein.

Beispiel.

Es sei gegeben der Radius des durchgehenden Gleises $R = 1000$ m.; der Radius des Verbindungsgleises $r = 300$ m.; die Entfernung der Gleismitten sei $h = 5$ m.; die Gerade über Herzstückspitze $d + f = 4$ m. und endlich ein Herzstück 1 : 11.

Nach Gleichung 83 ist:

$$M = R - (r - h) = 1000 - 300 + 5 = 705.$$

Nach Gleichung 84 ist:

$$N = \left(R + \frac{S}{2}\right) \cos \alpha + (d + f) \sin \alpha - r + \frac{S}{2}$$
$$= 996{,}595 + 0{,}3625 - 299{,}28 = 697{,}675.$$

Nach Gleichung 85 ist:

$$d + f_1 = \sqrt{(M + N) \, . \, (M - N)} + $$
$$+ (d + f) \cos \alpha - \left(R + \frac{S}{2}\right) . \sin \alpha = $$
$$= 101{,}37 + 3{,}983 - 90{,}695 = 14{,}66.$$

Nach Gleichung 86 ist:

$$tg\, \varepsilon = \frac{\sqrt{(M + N) \, . \, (M - N)}}{N} = \frac{101{,}37}{697{,}675}$$

und daraus $\varepsilon = 8^0 \, 16'$.

2. Das äussere Gleis sei das durchgehende.

a) Gerade Verbindungsgleise.

§. 37. Wenn wir die Bezeichnungen beibehalten, so ist mit Bezug auf Gleichung 5 nach Fig. 39:

$$h - S = (R - S)(1 - \cos\alpha) + (d + f)\sin\alpha \text{ oder}$$

$$(87) \qquad d + f = \frac{h - S - (R - S)(1 - \cos\alpha)}{\sin\alpha},$$

ferner ist nach Fig. 39

$$(88) \qquad d + f_1 = (R - S)\sin\alpha + (d + f)\cos\alpha.$$

Beispiel.

Es sei der Radius des durchgehenden Gleises $R = 800$ m. gegeben; ferner der Abstand der Gleismitten $h = 6$ m. und das Herzstückverhältniss 1 : 10; es sollen die Geraden über Herzstückspitze so berechnet werden, dass dieselben beide Curven tangiren.

Nach Gleichung 87 ist

$$d + f = \frac{h - S - (R - S)(1 - \cos\alpha)}{\sin\alpha} =$$

$$= \frac{6 - 1{,}435 - 798{,}565 \,.\, (1 - 0{,}99503)}{0{,}09961} = 5{,}98 \text{ m.} = d + f.$$

Nach Gleichung 88 ist:

$$d + f_1 = (R - S)\sin\alpha + (d + f)\cos\alpha$$
$$= 79{,}856 + 5{,}95 = 85{,}81 = d + f_1.$$

b) Gekrümmte Verbindungsgleise.

§. 38. Die erforderlichen Gleichungen können genau in derselben Weise wie im §. 36 entwickelt werden (s. Fig. 40) oder einfacher dadurch, dass man in die dortigen Gleichungen statt R und r die negativen Werthe, also $-R$ und $-r$, einsetzt. Wir erhalten so:

$$(89) \qquad M_1 = r - (R - h) \text{ und}$$

$$(90) \qquad N_1 = r + \frac{S}{2} + (d + f)\sin\alpha - \left(R - \frac{S}{2}\right)\cos\alpha,$$

ferner:

$$(91) \qquad d + f_1 = \left(R - \frac{S}{2}\right) \sin\alpha + (d + f) \cos\alpha - $$
$$- \sqrt{(M_1 + N_1).(M_1 - N_1)}$$

und

$$(92) \qquad tg\,\varepsilon = \frac{\sqrt{(M_1 + N_1).(M_1 - N_1)}}{N_1}.$$

Die Grenzen ergeben sich leicht aus der Bedingung, dass der Werth des Ausdrucks unter dem $\sqrt{}$ nicht negativ werden darf, d. h. $M > N$. Setzen wir die Werthe für M und N ein, so erhalten wir:

$$r - R + h > r + \frac{S}{2} + (d + f) \sin\alpha - \left(R - \frac{S}{2}\right) \cos\alpha$$

oder

$$(93) \qquad d + f < \frac{\left(R - \frac{S}{2}\right) \cos\alpha - \left(R + \frac{S}{2}\right) + h}{\sin\alpha}.$$

Als weitere Bedingung ergiebt sich aus der Figur, dass stets $r > R - h$ sein muss.

Beispiel.

Der Radius des äusseren durchgehenden Gleises R sei gleich 1000 m.; Gleisentfernung $h = 6$ m.; und das Herzstückverhältniss $= 1 : 11$; es sollen die Ausweichgleise in die concentrisch gekrümmten Gleise übergehen und zwar das Nebengleise vermittelst einer Curve von 1500 m. Radius. Zunächst ist noch $d + f$ anzunehmen, der Bedingung der Gleichung 93 entsprechend, also:

$$d + f < \frac{995{,}165 - 1000{,}718 + 6}{0{,}09063} \text{ oder } d + f < 4{,}94;$$

es soll daher $d + f = 3$ m. angenommen werden.

Nach Gleichung 89 ist:

$$M_1 = r - (R - h) = 506.$$

Nach Gleichung 90 ist:

$$N_1 = r + \frac{S}{2} + (d + f) \sin\alpha - \left(R - \frac{S}{2}\right) \cos\alpha =$$
$$= 1500{,}718 + 0{,}272 - 995{,}165 = 505{,}825.$$

Nach Gleichung 91 ist:

$$d+f_1 = \left(R - \frac{S}{2}\right) \sin\alpha + (d+f)\cos\alpha - \sqrt{(M_1+N_1).(M_1-N_1)}$$
$$= 90{,}565 + 2{,}988 - 13{,}307 = 80{,}246 \text{ m.}$$

Nach Gleichung 92 ist:

$$tg\,\varepsilon = \frac{\sqrt{(M_1+N_1).(M_1-N_1)}}{N_1} = \frac{13{,}307}{505{,}825}$$

und daraus $\varepsilon = 1^0\,30'\,26''$.

III. Verbindungsgleise bei Zwischenausweichungen.

A. Beide zu verbindende Gleise seien gerade.

1. Gerade Verbindungsgleise.

§. 39. Sind die zu verbindenden Gleise parallel, so ergeben sich die unbekannten Grössen ohne Weiteres aus der Figur 41. Bezeichne H die Entfernung der beiden Weichenmittelpuncte in der Richtung des einen Hauptgleis gemessen, so ist:

(94) $$H = h \cot\alpha,$$

wäre also die Gleisentfernung 4,5 m. gegeben, ferner die Bedingung, dass 2 Herzstücke 1 : 10 verwandt werden sollen, so ergäbe sich $H = 4{,}5 \,.\, 10 = 45$ m.

Eine gerade Verbindung zwischen parallelen Gleisen ist überhaupt nur möglich, wenn beide Herzstücke gleiches Verhältniss haben.

§. 40. Bezeichne nach Fig. 42 bei nicht parallelen Gleisen β den Winkel, welchen die verlängerten Gleisrichtungen bilden und e die Entfernung des Weichenmittelpuncts vom Winkelpunct β, so ergiebt sich leicht:

(95) $$H = \frac{e \sin\beta}{\sin(\alpha-\beta)} \,.\, \cos\alpha.$$

Eine gerade Verbindung zwischen nicht parallelen Gleisen ist überhaupt nur möglich, wenn die gegebenen Herzstückwinkel α und α_1 solche Werthe haben, dass $\alpha_1 = \alpha - \beta$ ist. Sind e und β nicht direct gegeben, so werden sie sich ohne Schwierigkeit in jedem Fall aus den gegebenen Grössen berechnen lassen.

2. Einfach gekrümmte Verbindungsgleise.

§. 41. Die zu verbindenden Gleise seien parallel. Eine einfach gekrümmte Verbindung ist nur bei verschiedenen Herzstückwinkeln möglich; ist $\alpha = \alpha_1$, so wird die Verbindung entweder gerade oder sie wird die Form einer Contrecurve erhalten.

Den Winkelpunct der Verbindungscurve wird man am zweckmässigsten so legen, dass er gleiche Entfernung von beiden Herzstückstössen erhält. Wenn b resp. b und f die im §. 30 und §. 33 angegebenen Grössen bezeichnen, so ergiebt sich aus Fig. 43:

$$(b + f + t) \sin \alpha + (b_1 + f + t) \sin \alpha_1 = h$$

und hieraus, da $t = r\, tg \frac{\varepsilon}{2}$ ist:

(96) $$r = \frac{h - (b + f) \sin \alpha - (b_1 + f) \sin \alpha_1}{tg \frac{\varepsilon}{2} (\sin \alpha + \sin \alpha_1)},$$

in dieser Gleichung ist $\alpha - \varepsilon = \alpha_1$; ferner ergiebt sich aus der Fig. 43:

(97) $$H = (b + f + t) \cos \alpha + (b_1 + f + t) \cos \alpha_1.$$

Die Werthe b resp. b_1 ergeben sich aus §. 30.

Beispiel.

Zwei parallele Gleise (Fig. 44) im Abstand von 8 m. sollen durch Zwischenausweichungen, deren Herzstücke das Verhältniss 1 : 9 resp. 1 : 11 haben, verbunden werden. Die Entfernung d von der Herzstückspitze bis zum hinterliegenden Stoss sei bei beiden Herzstücken = 1,3 m.; die Entfernung f vom Herzstückstoss bis zum Curvenanfang betrage auf beiden Seiten = 2 m.

Nach Gleichung 73 ist $b = L + d$ und nach §. 19 ist L bei Herzstücken 1 : 9 = 12,955 und bei Herzstücken 1 : 11 = 15,807; es ist also

$$b = 12{,}955 + 1{,}3 = 14{,}255 \text{ und } b_1 = 15{,}807 + 1{,}3 = 17{,}107;$$

$$\alpha = 6^0\, 20'\, 25''; \; \alpha_1 = 5^0\, 11'\, 40''$$

also $$\varepsilon = \alpha - \alpha_1 = 1^0\, 8'\, 45'' \text{ und } \frac{\varepsilon}{2} = 34'\, 22''.$$

Nach Gleichung 96 ist:

$$r = \frac{h - (b + f) \sin \alpha - (b_1 + f) \sin \alpha_1}{tg \frac{\varepsilon}{2} (\sin \alpha + \sin \alpha_1)} =$$

$$= \frac{8 - 16{,}255 . 0{,}11042 - 19{,}107 . 0{,}09054}{0{,}01 . (0{,}11042 + 0{,}09054)} = \frac{4{,}475}{0{,}00201} = 2226 \text{ m.} = r.$$

Nach Gleichung 97 ist:

$$H = (b + f + t) \cos \alpha + (b_1 + f + t) \cos \alpha_1$$

$$t = r \, tg \frac{\varepsilon}{2} = 2226 . 0{,}01 = 22{,}26,$$

$$H = 38{,}515 . 0{,}99389 + 41{,}367 . 0{,}99589$$
$$= 38{,}104 + 41{,}197 = 79{,}301 \text{ m.} = H.$$

§. 42. Die zu verbindenden Gleise seien nicht parallel. Es sei nach Fig. 45 die Lage des einen Weichenmittelpuncts durch die Entfernung vom Winkelpunct $\beta = e$ gegeben; ferner seien die im §. 41 gestellten Bedingungen auch hier gültig. Dann ist:

$$e \sin \beta = (b + f + t) \sin \alpha + (b_1 + f + t) \sin (\alpha - \varepsilon)$$

und hieraus, da $t = r \, tg \frac{\varepsilon}{2}$ ist:

(98) $$r = \frac{e \sin \beta - (b + f) \sin \alpha - (b_1 + f) \sin (\alpha - \varepsilon)}{tg \frac{\varepsilon}{2} [\sin \alpha + \sin (\alpha - \varepsilon)]},$$

ferner ergiebt sich aus der Fig. 45:

(99) $$H = (b + f + t) \cos \alpha + (b_1 + f + t) \cos (\alpha - \varepsilon),$$

in beiden Gleichungen sind nach Fig. 45:

(100) $$\varepsilon = \alpha - \alpha_1 - \beta.$$

Sind die Herzstücke von gleichem Verhältniss, so ist $b = b_1$ und nach Gleichung 100: $\beta = -\varepsilon$.

Beispiel.

Zwei nicht parallele Gleise sollen durch Zwischenausweichungen mit Herzstücken 1 : 10 verbunden werden. Nach Fig. 46 soll der eine Weichenmittelpunct so liegen, dass seine normale Entfernung vom andern Gleise 8 m. beträgt; in einer Entfernung von 50 m. von diesem Punct ist der normale Abstand beider Gleismitten = 6 m. d sei wie im letzten Beispiel = 1,3 m. und $f = 2$ m. Da die Herzstückwinkel gleich sind, so geht Gleichung 98 in folgende über:

$$r = \frac{e \sin \beta - (b + f) [\sin \alpha + \sin (\alpha + \beta)]}{- tg \frac{\beta}{2} [\sin \alpha + \sin (\alpha + \beta)]}.$$

Nach der Aufgabe ist

$$\frac{2}{50} = tg\, \beta = 0{,}04 \text{ also } \beta = 2^0\, 18'; \ \alpha = 5^0\, 43'; \text{ also } \alpha + \beta = 8^0\, 1'$$

$$\text{und } \frac{\beta}{2} = 1^0\, 9' \ \text{ ferner } 8 = e \sin \beta.$$

Nach Gleichung 73 ist

$$b = L + d = 14{,}386 + 1{,}3 = 14{,}686$$

$$\text{also } r = \frac{8 - 16{,}686 \,.\, (0{,}0996 + 0{,}13946)}{- 0{,}02\, (0{,}0996 + 0{,}13946)} = \frac{4{,}012}{- 0{,}00478} = - 839 \text{ m.} = r.$$

Das Vorzeichen — deutet an, dass der Curvenmittelpunct in der Richtung nach dem Winkelpunct β liegt.

Nach Gleichung 99 ist, da die Herzstückwinkel hier gleich sind:

$$H = (b + f + t) [\cos \alpha + \cos (\alpha + \beta)]$$

$$t = r\, tg \frac{\beta}{2} = 16{,}78$$

also $$H = 33{,}466 \,.\, 1{,}98526 = 66{,}44 \text{ m.} = H.$$

3. Verbindungsgleise in Form einer Contrecurve.

a) **Die Hauptgleise der Weichen seien parallel.**

§. 43. Es bezeichne nach Fig. 47 $(b + f)$ die Entfernung vom Weichenmittelpunct bis zum nächst gelegenen Anfangspunct der Contrecurve und zwar sei zur Vereinfachung der Formeln diese Grösse für beide Weichen gleich; die Verlängerung dieser beiden Linien bilde den Winkel ε. Das Herzstück, welches dem Winkelpunct von ε zunächst liegt, habe einen Winkel $= \alpha_1$, das entgegengesetzt liegende Herzstück einen Winkel $= \alpha$, dann ist $\varepsilon = \alpha - \alpha_1$. Der Abstand beider Hauptgleise der Weichen sei H. Die Radien der Contrecurve seien, wie es wohl stets in der Praxis vorkommen wird, gleich gross.

Mit Hülfe der in Fig. 47 punctirt angegebenen Linien ergeben sich folgende Gleichungen:

$$1. \quad \frac{H}{\sin \alpha} = b + f + 2 R \sin \delta + g \,.\, \cos \delta + R \sin \varepsilon + b + \\ + f \cos \varepsilon + x \,.\, \operatorname{cotg} \alpha.$$

$$2.\quad R \cos \delta = R \cos \varepsilon - x - (b + f) \sin \varepsilon + R - R \cos \delta + g \sin \delta.$$

Setzen wir den aus Gleichung 2 sich für x ergebenden Werth in Gleichung 1 ein und bringen dann die Glieder, welche δ enthalten, auf eine Seite, so erhalten wir:

$$(2R + g \operatorname{cotg} \alpha) \sin \delta + (g - 2R \operatorname{cotg} \alpha) \cos \delta = \frac{H}{\sin \alpha} - (b + f + R \operatorname{cotg} \alpha) . (1 + \cos \varepsilon) - [R - (b + f) \operatorname{cotg} \alpha] \sin \varepsilon,$$

es ist dies eine Form, wie wir sie bereits mehrfach gehabt haben; die Auflösung nach δ wird durch Einführung eines Hülfswinkel φ bewirkt, der in vorliegendem Fall so gewählt werden muss, dass $2R + g . \operatorname{cotg} \alpha = -(g - 2R \operatorname{cotg} \alpha)\, tg\, \varphi$ ist. Setzen wir dies ein und verfahren in früher angegebener Weise, so erhalten wir für ungleiche Herzstückwinkel:

$$(101)\qquad \cos(\varphi + \delta) = \frac{\left[\frac{H}{\sin \alpha} - (b + f + R \operatorname{cotg} \alpha) . (1 + \cos \varepsilon) - [R - (b + f) \operatorname{cotg} \alpha] \sin \varepsilon\right] \cos \varphi}{g - 2R \operatorname{cotg} \alpha}.$$

Haben beide Weichen gleiche Herzstücke, so ist $\alpha = \alpha_1$, also $\varepsilon = o$; dies eingesetzt, erhalten wir für gleiche Herzstückwinkel:

$$(102)\qquad \cos(\varphi + \delta) = \frac{\left[\frac{H}{\sin \alpha} - 2(b + f + R . \operatorname{cotg} \alpha)\right] . \cos \varphi}{g - 2R \operatorname{cotg} \alpha},$$

für die beiden letzten Gleichungen ist

$$tg\, \varphi = - \frac{2R + g \operatorname{cotg} \alpha}{g - 2R \operatorname{cotg} \alpha}.$$

Beispiel. Fig. 48.

Das zweite und dritte Gleise eines Bahnhofes soll durch Weichen so mit einander verbunden werden, dass das Verbindungsgleis möglichst kurz wird; die zu diesem Zweck einzulegende Contrecurve ist mit Radien = 200 m. und einer Geraden = 6 m. zu construiren. Die Weichen erhalten Herzstücke 1 : 10 und die Curve soll beiderseitig 18 m. vom Weichenmittelpunct beginnen. Die beiden parallelen Gleise haben 10 m. Abstand von einander. Zu berechnen sind die Tangentenlängen und die Entfernung der beiden Weichenmittelpuncte in der Richtung des zweiten Gleises gemessen.

Da die Herzstücke in vorliegendem Fall gleiche Winkel haben, so kommt Gleichung 102 zur Anwendung. Es ist zunächst $\measuredangle\ \varphi$ zu berechnen.

$$tg\,\varphi = -\frac{2\,R + g \operatorname{cotg} \alpha}{g - 2\,R \operatorname{cotg} \alpha} = -\frac{400 + 6 \,.\, \operatorname{cotg} 5^0\,42'\,38''}{6 - 400 \,.\, \operatorname{cotg} 5^0\,42'\,38''}$$

$$= -\frac{400 + 6 \,.\, 10}{6 - 400 \,.\, 10} = +\frac{460}{3994}$$

und daraus $\measuredangle\ \varphi = 6^0\,34'\,10''$.

Nach Gleichung 102 ist:

$$\cos(\varphi + \delta) = \frac{\left[\frac{H}{\sin \alpha} - 2\,(b + f + R \operatorname{cotg} \alpha)\right] . \cos \varphi}{g - 2\,R \,.\, \operatorname{cotg} \alpha} =$$

$$= \frac{[100{,}49 - 2\,(18 + 200 \,.\, 10)] \,.\, \cos 46'\,30''}{6 - 4000} =$$

$$= \frac{-\,3935{,}5}{-\,3994} \,.\, \cos 46'\,30''$$

und daraus $\measuredangle\ \varphi + \delta = 11^0\,47'\,40''$

davon ab $\measuredangle\ \varphi = 6^0\,34'\,10''$

bleibt $\measuredangle\ \delta = 5^0\,13'\,30''$.

$$T = t = R \,.\, tg\,\frac{\delta}{2} = 200 \,.\, tg\,2^0\,36'\,45'' = 9{,}126.$$

Die gesuchte Entfernung der beiden Weichenmittelpuncte von einander ergiebt sich aus der Figur 48

$$= 2\,(b + f + T) \cos \alpha + (2\,T + g) \cos(\alpha + \delta)$$

$$= 53{,}983 + 23{,}811 = 77{,}794.$$

Wäre in der vorstehenden Aufgabe bestimmt, dass die eine Weiche ein Herzstück 1 : 10, die andere dagegen ein Herzstück 1 : 9 erhalten solle, so hätte Gleichung 25 Verwendung finden müssen; der Winkel ε hätte dann gleich der Differenz der beiden Herzstückwinkel gesetzt werden müssen, also

$$\varepsilon = 6^0\,20'\,25'' - 5^0\,42'\,38'' = 37'\,47''; \quad \alpha = 6^0\,20'\,25''.$$

b) **Die Hauptgleise der Weichen seien nicht parallel.** (Fig. 49.)

§. 44. Vergleicht man die Figuren 47 und 49 mit einander, so erkennt man leicht, dass die aufzustellenden Gleichungen von den Gleichungen 101 und 102 nur wenig differiren können;

während dort $\varepsilon = \alpha - \alpha_1$ war, muss hier $\varepsilon = \alpha + \beta - \alpha_1$ gesetzt werden (β = Winkel, unter dem sich die verlängerten Hauptgleise schneiden); α ist in den Gleichungen durch $\alpha + \beta$ zu ersetzen und die Länge $\frac{H}{\sin\alpha}$ muss, da H nicht direct gegeben ist, durch andere gegebene Grössen ausgedrückt werden; bezeichnen wir mit v die Entfernung des zum Winkel β gehörigen Winkelpuncts von dem znnächst gelegenen Weichenmittelpunct, mit u die Entfernung bis zu dem andern Weichenmittelpunct, so ist

$$\frac{H}{\sin\alpha} = v - \frac{x}{\sin(\alpha+\beta)} \cdot \frac{\sin\beta}{\sin\alpha} \text{ oder} = \frac{u \cdot \sin\beta}{\sin(\alpha+\beta)};$$

je nachdem v oder u gegeben, ist also der eine oder der andere Ausdruck einzusetzen. Bezeichnen wir den grösseren Winkel beider Herzstücke mit α und den kleineren mit α_1, so ist $\alpha_1 = \alpha + \beta - \varepsilon$ zu setzen. Für ungleiche Herzstückwinkel erhalten wir hiernach, wenn wir bei der Entwickelung der Formel berücksichtigen, dass

$$\operatorname{cotg}(\alpha+\beta) + \frac{\sin\beta}{\sin\alpha \cdot \sin(\alpha+\beta)} = \cot\alpha \text{ ist,}$$

(103)
$$\cos(\varphi+\delta) = \frac{\left[\frac{v \cdot \sin\beta}{\sin\alpha} - (b+f+R\operatorname{cotg}\alpha) \cdot (1+\cos\varepsilon) - [R-(b+f)\operatorname{cotg}\alpha]\sin\varepsilon\right]\cos\varphi}{g - 2R\operatorname{cotg}\alpha}$$

und

(104)
$$\cos(\varphi+\delta) = \frac{\left[\frac{u \cdot \sin\beta}{\sin(\alpha+\beta)} - [b+f+R\operatorname{cotg}(\alpha+\beta)] \cdot (1+\cos\varepsilon) - [R-(b+f)\operatorname{cotg}(\alpha+\beta)]\sin\varepsilon\right]\cos\varphi}{g - 2R\operatorname{cotg}(\alpha+\beta)}.$$

Will man Gleichung 103 nicht aus Gleichung 101 herleiten, so findet man dieselbe direct mit Hülfe der punctirten Linie in Fig. 49, welche mit der Verlängerung von u den Winkel α bildet.

Für gleiche Herzstückwinkel ist $\alpha = \alpha_1$, also $\varepsilon = \beta$.

Bei Gleichung 103 ist

$$tg\,\varphi = -\frac{2R + g\operatorname{cotg}\alpha}{g - 2R\operatorname{cotg}\alpha};$$

bei Gleichung 104 ist

$$tg\,\varphi = -\frac{2R + g\operatorname{cotg}(\alpha+\beta)}{g - 2R\operatorname{cotg}(\alpha+\beta)}.$$

Beispiel. Fig. 50.

Zwei gerade Gleise, welche sich unter einem Winkel β, der einem Herzstück 1 : 11 entspricht, schneiden, sollen durch Weichen so mit einander verbunden werden, dass das Verbindungsgleis möglichst kurz wird; die zu diesem Zweck einzulegende Contrecurve ist mit Radien = 200 m. und einer Geraden = 6 m. zu construiren. Die Weichen erhalten Herzstücke 1 : 10 und die Curve soll beiderseitig 18 m. vom Weichenmittelpunct beginnen. Die Lage der einen Weiche ist durch die Entfernung v ihres Weichenmittelpuncts vom Schnittpunct beider Gleise bestimmt und zwar sei $v = 88$ m. Zu berechnen ist die Entfernung u des anderen Weichenmittelpuncts vom Schnittpunct beider Gleise und die Länge der Tangenten.

Zur Anwendung kommt Gleichung 103. Es ist

$$\alpha = \alpha_1 = 5^0\,42'\,38''; \; \beta = \varepsilon = 5^0\,11'\,40''.$$

Zunächst ist φ zu berechnen:

$$tg\,\varphi = -\frac{2\,R + g\,.\,\text{cotg}\,\alpha}{g - 2\,R\,\text{cotg}\,\alpha} = -\frac{400 + 6\,.\,10}{6 - 400\,.\,10} = +\frac{340}{3994},$$

daraus $\qquad \varphi = 4^0\,52'.$

Nach Gleichung 103 ist:

$$\cos\,(\varphi + \delta) = \frac{(80{,}062 - 4027{,}5 - 1{,}81)\cos 4^0\,52'}{-\,3994}$$

und daraus $\qquad (\varphi + \delta) = 9^0\,51'\,30''$

davon ab $\qquad \varphi = 4^0\,52'$

bleibt $\qquad \delta = 5^0$ (rund)

und $\frac{\delta}{2} = 2^0\,30'$, $\delta + \varepsilon = \delta + \beta = 10^0\,11'\,40''$ und $\frac{\delta + \varepsilon}{2} = 5^0\,5'\,50''$.

$$T = R\,.\,tg\,\frac{\delta}{2} = 8{,}732,$$

$$t = R\,.\,tg\,\frac{\delta + \varepsilon}{2} = 17{,}84.$$

Die Länge u ergiebt sich leicht aus der Figur 50:

$$u = (b + f + T)\cos\alpha + (T + t + g)\cos(\alpha + \delta) + (b + f + t)$$
$$\cos(\alpha - \beta) + v\cos\beta = 26{,}60 + 32{,}13 + 35{,}84 + 87{,}64 = 182{,}21.$$

B. Beide zu verbindende Gleise seien concentrisch gekrümmt.

§. 45. Sollen 2 concentrisch gekrümmte Gleise durch Zwischenausweichungen mit einander verbunden werden, so wird man an den betreffenden Stellen für die Weichen und Herzstücke gerade Gleisstücke einzuschalten haben (Fig. 51); man wird also $AF = EB = g$ als bekannt annehmen und die Radien der Verbindungscurven $AM = R_{11}$ und $BM = R_1$ berechnen können; ebenso wird man $CF = DE = d + f$ (s. §. 36) als bekannt annehmen können. Um nun möglichst einfache Gleichungen entwickeln zu können, soll $CP = OD = \frac{d+f}{\cos\alpha}$ gesetzt werden. Es kommt nun darauf an, den Radius der Verbindungscurve zwischen beiden Ausweichungen und den Centriwinkel ε dieser Curve festzustellen. Es bezeichne r den Radius des äusseren Stranges der Verbindungscurve.

Aus den Dreiecken MNP und MNO ergiebt sich ohne Weiteres:

$$MN^2 = i^2 + (r - S)^2 - 2i.(r - S)\cos(\alpha + \delta)$$

und

$$MN^2 = k^2 + r^2 - 2k.r.\cos(\alpha - \eta).$$

Setzt man beide Ausdrücke für MN^2 gleich und löst nach r auf, so erhält man:

$$\text{(105)} \qquad r = \frac{i^2 - k^2 + 2i\cos(\alpha + \delta)S + S^2}{2S + 2i\cos(\alpha + \delta) - 2k\cos(\alpha - \eta)}.$$

Die Grössen δ; η; i und k sind aus folgenden Gleichungen, welche sich ohne Weiteres aus der Figur ergeben, bekannt:

$$\text{(105a)} \qquad tg\,\delta = \frac{g}{R_{11}}.$$

$$\text{(106)} \qquad tg\,\eta = \frac{g}{R_1}.$$

$$\text{(107)} \qquad i = \frac{R_{11}}{\cos\delta} + (d + f)\,tg\,\alpha.$$

$$\text{(108)} \qquad k = \frac{R_1}{\cos\eta} - (d + f)\,tg\,\alpha.$$

Ferner ist:

$$\text{(109)} \qquad tg\,\mu = \frac{i\sin(\alpha + \delta)}{r - S - i\cos(\alpha + \delta)}.$$

(110) $$tg\,\nu = \frac{\sin k\,(\alpha - \eta)}{r - k\cos(\alpha - \eta)}.$$

(111) $$\varepsilon = \nu - \mu.$$

Beispiel.

Es sollen 2 concentrisch gekrümmte Gleise durch Zwischenausweichungen mit Herzstück 1 : 10 verbunden werden. Die nach §. 9 einzuschaltenden Geraden seien 6 m. lang, die Entfernung von Herzstückspitze bis Curvenanfang in den durchgehenden Gleisen sei $d + f = 3$ m. und die entsprechende Entfernung für das Verbindungsgleis $= \frac{d+f}{\cos\alpha}$. R_{11} und R_1 seien nach §. 9 zu 1124,85 m. resp. 1129,85 m. berechnet.

Nach Gleichung 105a ist:

$$tg\,\delta = \frac{g}{R_{11}} = \frac{6}{1124{,}85} \text{ daraus } \delta = 18'\,20''.$$

Nach Gleichung 106 ist:

$$tg\,\eta = \frac{g}{R_1} = \frac{6}{1129{,}85} \text{ daraus } \eta = 18'\,18''.$$

Da $\alpha = 5^0\,42'\,38''$ ist, so erhalten wir $\alpha + \delta = 6^0\,1'$ und $\alpha - \eta = 5^0\,24'\,20''$.

Nach Gleichung 107 ist:

$$i = \frac{R_{11}}{\cos\delta} + (d + f)\,tg\,\alpha = 1124{,}85 + 0{,}3 = 1125{,}15.$$

Nach Gleichung 108 ist:

$$k = \frac{R_1}{\cos\eta} - (d + f)\,tg\,\alpha = 1129{,}85 - 0{,}3 = 1129{,}55.$$

Nach Gleichung 105 ist:

$$r = \frac{i^2 - k^2 + 2\,i\cos(\alpha + \delta)\,.\,S + S^2}{2\,S + 2\,i\cos(\alpha + \delta) - 2\,k\cos(\alpha - \eta)}.$$

Für die Ausrechnung setzt man zweckmässig $i^2 - k^2 = (i + k)\,.\,(i - k)$ dann ist:

$$r = \frac{-9920{,}7 + 3211{,}4 + 2{,}0593}{2{,}87 + 2237{,}9 - 2249} = \frac{-6707{,}24}{-8{,}73} = +\,768{,}3 \text{ m.} = r.$$

Nach Gleichung 109 ist:

$$tg\,\mu = \frac{i\sin(\alpha + \delta)}{r - S - i\cos(\alpha + \delta)} = \frac{117{,}93}{768 - 1{,}435 - 1118{,}95} = \frac{117{,}93}{-352{,}385},$$

hieraus ergiebt sich ein Werth von $18^0\,30'\,10''$; da nun $-tg\,\alpha = tg\,(180 - \alpha)$ ist, so ist

$$\mu = 180^0 - 18^0\,30'\,10'' = 161^0\,29'\,50''.$$

Nach Gleichung 110 ist:

$$tg\,\nu = \frac{k \sin(\alpha - \eta)}{r - k \cos(\alpha - \eta)} = \frac{106{,}41}{768 - 1124{,}5} = \frac{106{,}41}{-356{,}5},$$

hieraus ergiebt sich ein Werth von $16^0\,37'\,10''$

also $\nu = 180^0 - 16^0\,37'\,10'' = 163^0\,22'\,50''.$

Nach Gleichung 111 ist:

$$\varepsilon = \nu - \mu = 1^0\,53'.$$

IV. Weichenstrassen*).

A. Gerade einfache Weichenstrasse.

§. 46. Weichenstrassen nennt man diejenigen Gleise, von denen sich mehrere parallele Gleise abzweigen. Die einfachste derartige Anlage erhält man, wenn man den Winkel μ, welchen die Parallel-Gleise mit der Richtung der Weichenstrasse bilden, gleich dem Herzstückwinkel der verbindenden Ausweichungen macht. (Fig. 52.) Die erforderlichen Berechnungen ergeben sich ohne Weiteres aus der Figur. Bezeichnet man mit λ die Entfernung der Weichenmittelpuncte in der Weichenstrasse, so ist

$$\lambda = \frac{h}{\sin\alpha}. \qquad \textbf{(112)}$$

So einfach solche Anlage ist, so raumverschwendend ist sie auch, da die Herzstückwinkel stets sehr klein sind.

B. Verkürzte Weichenstrasse.

§. 47. Eine Weichenstrassen-Anlage wird um so raumersparender je grösser $\measuredangle\,\mu$ ist, da die Parallel-Gleise dadurch länger und die Weichenstrassen kürzer werden. Immerhin muss die Weichenstrasse solche Länge behalten, dass für die Auswei-

*) Es soll hier nur das Nothwendigste über die Berechnung der Weichenstrassen angegeben werden. Specielleres findet man in der in jeder Beziehung vorzüglichen Abhandlung in der Zeitschrift für Bauwesen. Jahrgang 1859, pag. 375.

chungen genügend Platz bleibt, d. h. es darf λ nie kleiner als $a + b$ werden (s. §. 30). Ist die Entfernung der Parallelgleise von einander $= h$ gegeben, so wird man den grössten zulässigen also den günstigsten $\measuredangle\ \mu$ erhalten durch die Gleichung:

$$\text{(113)} \qquad \sin \mu = \frac{h}{a + b}.$$

Bei einer solchen Anlage, welche man verkürzte Weichenstrasse nennt, muss man die Parallelgleise mittelst einer Verbindungscurve in die Ausweichungen überführen (s. Fig. 53). Da der Centriwinkel dieser Curve bekannt ist und der Radius gegeben wird, so findet man die Tangentenlänge

$$t = r\, tg \left(\frac{\mu - \alpha}{2}\right).$$

Die Entfernung w (s. Fig. 54) des Weichenmittelpuncts von dem Schnittpunct der Gleismittellinien muss der Grösse von t entsprechend ermittelt werden. Nach dem Sinussatz ergiebt sich aus der Figur 54:

$$\text{(114)} \qquad w = (b + t) \,.\, \frac{\sin (\mu - \alpha)}{\sin \mu}.$$

Soll die Curve nicht unmittelbar am Herzstückstoss, sondern in Entfernung von f m. beginnen, so muss natürlich in Gleichung 114 statt $b + t$ der Ausdruck $b + f + t$ gesetzt werden.

Beispiel.

Mehrere parallele Rangirgleise sollen durch eine verkürzte Weichenstrasse mit einander verbunden werden. Die Ausweichungen sollen Herzstücke 1 : 10 erhalten und der Radius der Verbindungscurve, welche sich unmittelbar an das Herzstück anschliessen kann, sei $= 200$ m. Der Abstand der Rangirgleise betrage 4,5 m.; es sei ferner (s. §. 30) $c = 0{,}50$; $d = 1{,}30$; und $E = 19{,}851$ (s. Beispiel 3 §. 16).

Nach §. 72 ist $a = E - L + l + c$

ferner $b = L + d$ also $a + b = E + l + c + d$

$= 19{,}851 + 5 + 0{,}50 + 1{,}30 = 26{,}651$

folglich nach Gleichung 113:

$$\sin \mu = \frac{h}{a + b} = \frac{4{,}5}{26{,}651} \text{ und daraus } \measuredangle\ \mu = 9^{0}\ 43'\ 15''.$$

Ferner ist

$$t = r\,tg\left(\frac{\mu - \alpha}{2}\right),\quad \alpha = 5^0\,42'\,38''\ \text{also}\ \frac{\mu - \alpha}{2} = 2^0\,0'\,19''$$

also $\quad t = 200\,.\,tg\,2^0\,0'\,19'' = 7{,}0026$ m.

$b = L + d = 14{,}386 + 1{,}3$ (s. §. 19) $= 15{,}686$ also $b + t = 22{,}689.$

Nach Gleichung 114 ist:

$$w = (b + t)\,.\,\frac{\sin(\mu - \alpha)}{\sin\mu} = 22{,}689\,.\,\frac{\sin 4^0\,0'\,37''}{\sin 9^0\,43'\,15''} = 9{,}4016.$$

§. 48. Soll eine verkürzte Weichenstrasse an ein den Rangirgleisen paralleles Hauptgleise Anschluss erhalten, so ist dies nur dann ausführbar, wenn eine genügende Entfernung vom ersten Rangirgleis bis zum Hauptgleis vorhanden ist; die Grösse dieser Entfernung lässt sich aus Fig. 54 wie folgt leicht ermitteln. Es sei g eine Gerade zwischen Weiche und Verbindungscurve, ferner r der Radius der Verbindungscurven; t resp. t_1 seien die Tangentenlängen derselben, α resp. α_1 die Herzstückwinkel; bezeichnet man nun die zu suchende Gleisentfernung mit h, so ergiebt sich ohne Weiteres aus der Figur:

(115) $\quad h_1 = (b_1 + t_1)\sin\alpha_1 + (a + g + t_1)\sin\mu + (b + t)\sin(\mu - \alpha),$

in dieser Gleichung ist

$$t = r\,tg\left(\frac{\mu - \alpha}{2}\right)\ \text{und}\ t_1 = r\,tg\left(\frac{\mu - \alpha_1}{2}\right).$$

Hat man eine solche Gleisentfernung nicht zur Verfügung, so kann man unter Umständen durch Verschiebung des Hauptgleises helfen. Näheres hierüber s. Zeitschr. für Bauwesen 1859, pag. 375.

Sehr zweckmässig ist in solchen Fällen die Anwendung einer symmetrischen Ausweichung beim ersten Nebengleis nach Fig. 55, da dann in der Regel die Gleisentfernung zwischen den Nebengleisen auch für die Entfernung zwischen Hauptgleis und erstem Nebengleis genügt.

Nach Figur 55 ist:

(116) $\quad h_1 = (b_1 + t_1)\sin\alpha_1 + (a_0 + g + t_1)\sin\left(\mu - \frac{\alpha_0}{2}\right) + v\sin\mu,$

in dieser Gleichung ist:

(117) $$v = w + a + b_0 - \frac{h}{\sin\mu}\ \text{und}$$

$$t_1 = r\,tg\left(\frac{\mu - \frac{\alpha_0}{2} - \alpha_1}{2}\right)$$

Zweckmässig berechnet man g so, dass $h_1 = h$ wird und zwar ergiebt sich g aus Gleichung 116:

$$(118) \quad g = \frac{h - (b_1 + t_1)\sin\alpha_1 - (a_0 + t_1)\sin\left(\mu - \frac{\alpha_0}{2}\right) - v\sin\mu}{\sin\left(\mu - \frac{\alpha_0}{2}\right)}$$

Beispiele

1. Wie gross muss die Entfernung zwischen dem Hauptgleis und dem parallelen ersten Rangirgleis sein bei einer verkürzten Weichenstrasse, deren Herzstücke das Verhältniss 1 : 10 haben? Das Herzstück der Anschlussweiche im Hauptgleis habe ebenfalls das Verhältniss 1 : 10. Es sei ferner bei den sämmtlichen Ausweichungen $c = 0{,}50$; $d = 1{,}30$; $E = 19{,}851$; die Entfernung zwischen den Rangirgleisen $= 4{,}5$ und die Gerade g zwischen Weiche und Verbindungscurve $= 0$.

Die Gleichung 115 vereinfacht sich unter den gegebenen Bedingungen wie folgt:

$$h_1 = (b + t)\,[\sin\alpha + \sin(\mu - \alpha)] + (a + t)\sin\mu.$$

Nach dem Beispiel des §. 47 ist:

$$a = 10{,}965;\ t = 7{,}003,\ \text{also}\ a + t = 17{,}968;\ b + t = 22{,}689;$$
$$\mu = 9^0\,43'\,15'';\ \alpha = 5^0\,42'\,38'';\ \mu - \alpha = 4^0\,0'\,37'';$$

folglich

$$h_1 = 22{,}689\,(\sin 5^0\,42'\,38'' + \sin 4^0\,0'\,37'') + 17{,}968 \,.\, \sin 9^0\,43'\,15''$$

und daraus

$$h_1 = 2{,}2578 + 1{,}5867 + 3{,}0338 = 6{,}88\ \text{m.} = h_1.$$

2. Unter den im Beispiel 1 und im Beispiel des §. 47 angenommenen Bedingungen soll unter Anwendung einer symmetrischen Ausweichung der Anschluss einer verkürzten Weichenstrasse an das Hauptgleis so hergestellt werden, dass die Entfernung zwischen sämmtlichen Gleisen 4,5 m. beträgt. Wie gross muss die Gerade g gewählt werden? Anzuwenden ist die im Beispiel 1 §. 21 berechnete symmetrische Ausweichung, bei der $E = 17{,}967$ m. war.

Da das Herzstück dieser symmetrischen Ausweichung im Verhältniss 1 : 9 hat, so ist nach §. 20 $L = 12{,}955$. Die Grössen l, c und d (s. §. 30) seien gleich denen im Beispiel 1 und im Beispiel des §. 47. Dann ist nach Gleichung 72

$$a_0 = E - L + l + c = 17{,}967 - 12{,}955 + 5 + 0{,}5 = 10{,}512\ \text{m.} = a_0.$$

Nach Gleichung 73 ist:

$$b_0 = L + d = 12{,}955 + 1{,}3 = 14{,}255 \text{ m.} = b_0.$$

Es ist ferner nach den vorhergehenden Beispielen

$$w = 9{,}402 \text{ m.};\ a = 10{,}965 \text{ m.};\ b_1 = 15{,}686 \text{ m.};\ h = 4{,}5 \text{ m.};$$

$$\mu = 9^0\,43'\,15'';\ \alpha_0 = 6^0\,20'\,25'';\ \alpha_1 = 5^0\,42'\,38'';$$

also $$\mu - \frac{\alpha_0}{2} = 6^0\,33'\,3'';\ \frac{\mu - \frac{\alpha_0}{2} - \alpha_1}{2} = 25'\,12''.$$

Nach Gleichung 117 ist:

$$v = w + a + b_0 - \frac{h}{\sin\mu} =$$

$$= 9{,}402 + 10{,}965 + 14{,}255 - 26{,}651 = 7{,}971 \text{ m.} = v.$$

Ferner

$$t_1 = r \,.\, tg\left(\frac{\mu - \frac{\alpha_0}{2} - \alpha_1}{2}\right) = 1{,}464 = t_1 \quad (r = 200 \text{ m. angenommen})$$

$$(b_1 + t_1)\sin\alpha_1 = 17{,}15 \,.\, \sin\alpha_1 = 1{,}706 \text{ m.}$$

$$(a_0 + t_1)\sin\left(\mu - \frac{\alpha_0}{2}\right) = 11{,}976 \,.\, \sin\left(\mu - \frac{\alpha_0}{2}\right) = 1{,}366,$$

$$v \,.\, \sin\mu = 7{,}971 \sin\mu = 1{,}346.$$

Es ist also nach Gleichung 118:

$$g = \frac{4{,}5 - 1{,}706 - 1{,}366 - 1{,}346}{\sin\left(\mu - \frac{\alpha_0}{2}\right)} = \frac{0{,}082}{\sin\left(\mu - \frac{\alpha_0}{2}\right)} = 0{,}7188 \text{ m.} = g.$$

C. Gekrümmte Weichenstrasse.

§. 49. Eine Anlage, wie sie Fig. 56 zeigt, nennt man eine gekrümmte Weichenstrasse. Bezeichnet man mit μ_1, μ_2, μ_3 u. s. w. die Winkel, welche die Verlängerungen der parallelen Gleise mit dem geraden Gleise der Ausweichungen bilden, ferner mit α_1, α_2, α_3 u. s. w. der Reihe nach die Herzstückwinkel, ferner mit A_1, A_2, A_3 u. s. w. der Reihe nach den normalen Abstand der Weichenmittelpuncte vom letzten parallelen Gleis, ferner mit F_1, F_2, F_3 u. s. w. der Reihe nach die Entfernung vom Herzstückstoss bis zum Winkelpunct der Verbindungscurve, ferner mit R_1, R_2, R_3 u. s. w. der Reihe nach die Radien der Verbindungscurven, so ergiebt sich aus der Fig. 56 Folgendes, wenn wir mit n die Anzahl der Gleise bezeichnen:

$$(119) \quad \begin{aligned} \mu_1 &= \alpha_1 + \alpha_2 + \alpha_3 + \ldots + \alpha_{n-1}, \\ \mu_2 &= \mu_1 - \alpha_1, \\ \mu_3 &= \mu_1 - (\alpha_1 + \alpha_2), \\ \mu_4 &= \mu_1 - (\alpha_1 + \alpha_2 + \alpha_3) \text{ u. s. w.,} \end{aligned}$$

das letzte μ ist:

$$\mu_{n-1} = \mu_1 - (\alpha_1 + \alpha_2 + \alpha_3 + \ldots + \alpha_{n-2}).$$

$$(120) \quad F_1 = \frac{A_1 + (n-1)\,h - b_1 \sin \mu_1}{\sin \mu_1} = $$

$$= F_2 = \frac{A_2 + (n-2)\,h - b_2 \sin \mu_2}{\sin \mu_2},$$

das letzte F ist:

$$F_{n-1} = \frac{A_{n-1} + h - b_{n-1} \sin \mu_{n-1}}{\sin \mu_{n-1}}, \text{ worin } A_{n-1} = 0 \text{ ist.}$$

Die Werthe von A ergeben sich ebenfalls leicht aus der Figur, nämlich:

$$(121) \quad \begin{aligned} A_1 &= (a_2 + b_1) \sin \mu_2 + (a_3 + b_2) \sin \mu_3 + \ldots\ldots \\ &\quad + (a_{n-1} + b_{n-2}) \sin \mu_{n-1}. \\ A_2 &= (a_3 + b_2) \sin \mu_3 + (a_4 + b_3) \sin \mu_4 + \ldots\ldots \\ &\quad + (a_{n-1} + b_{n-2}) \sin \mu_{n-1}. \end{aligned}$$

Das letzte A ist:

$$A_{n-1} = 0.$$

Alle übrigen Grössen ergeben sich nach dem Vorhergehenden leicht.

Sollen die Gleisentfernungen verschieden sein, so werden in Gleichung 120 statt $(n-1)\,h$ die entsprechenden Werthe eingesetzt. Wie das nachfolgende Beispiel zeigen wird, vereinfachen sich die vorstehenden Gleichungen sehr in speciellen Fällen.

Beispiel.

Es soll eine gekrümmte Weichenstrasse für 4 parallele Gleise unter nachfolgenden Bedingungen construirt werden. Das erste und zweite Parallelgleis sollen 6 m., die übrigen 4,5 m. von Mitte zu Mitte entfernt sein; die sämmtlichen Herzstüke sollen ein Verhältniss 1 : 10 erhalten und die Verbindungscurven unmittelbar am Herzstückstoss beginnen. Mit Bezug auf §. 16, §. 30 und §. 72 sei $a = 10{,}965$; $b = 15{,}686$.

Es ist also

$$n = 4;\ \alpha_1 = \alpha_2 = \alpha_3 = 5^0\,42'\,38'';$$

also nach Gleichung 119:

$$\mu_1 = 3\,\alpha = 17^0\,7'\,54'';\ \mu_2 = 11^0\,25'\,16'';\ \mu_3 = 5^0\,42'\,38''.$$

Da $a_1 = a_2 = a_3$ und $b_1 = b_2 = b_3$ ist, so vereinfacht sich Gleichung 121 wie folgt:

$$A_1 = (a + b) \,.\, (\sin \mu_2 + \sin \mu_3),$$
$$A_2 = (a + b) \,.\, \sin \mu_3,$$
$$A_3 = 0, \text{ also}$$
$$A_1 = 26{,}651 \,.\, (\sin 11^0\, 25'\, 16'' + \sin 5^0\, 42'\, 38'')$$
$$= 5{,}277 + 2{,}652 = 7{,}929 = A_1,$$
$$A_2 = 26{,}651 \,.\, \sin 5^0\, 42'\, 38'' = 2{,}652 = A_2.$$

Die Gleichung 120 geht nach den gestellten Bedingungen in folgende über:

$$F_1 = \frac{A_1 + (n-2)\,h + h_1 - b \sin \mu_1}{\sin \mu_1},$$
$$F_2 = \frac{A_2 + (n-2)\,h - b \sin \mu_2}{\sin \mu_2},$$
$$F_3 = \frac{h - b \sin \mu_3}{\sin \mu_3},$$

also

$$F_1 = \frac{7{,}93 + 2 \,.\, 4{,}5 + 6 - 15{,}686 \sin 17^0\, 7'\, 54''}{\sin 17^0\, 7'\, 54''} =$$
$$= \frac{18{,}31}{\sin 17^0\, 7'\, 54''} = 62{,}15 = F_1.$$

Da $f_1 = 0$, so ist $t_1 = F_1$, also

$$\frac{F_1}{R_1} = tg \frac{\mu_1}{2} \text{ oder } R_1 = \frac{F_1}{tg \frac{\mu_1}{2}} = \frac{62{,}15}{tg\, 8^0\, 33'\, 57''} = 412{,}7 \text{ m.} = R_1,$$

$$F_2 = \frac{2{,}65 + 2 \,.\, 4{,}5 - 15{,}686 \sin 11^0\, 25'\, 16''}{\sin 11^0\, 25'\, 16''} =$$
$$= \frac{8{,}53}{\sin 11^0\, 25'\, 16''} = 43{,}08 = F_2,$$
$$R_2 = \frac{F_2}{tg \frac{\mu_2}{2}} = 432{,}9 \text{ m.} = R_2,$$

$$F_3 = \frac{4{,}5 - 15{,}686 \sin 5^0\, 42'\, 38''}{\sin 5^0\, 42'\, 38''} = \frac{2{,}94}{\sin 5^0\, 42'\, 38''} = 29{,}54 = F_3,$$
$$R_3 = \frac{F_3}{tg \frac{\mu_3}{2}} = 593{,}1 \text{ m.} = R_3.$$

VIERTES KAPITEL.

Gleisanlagen bei Drehscheiben.

§. 50. Sollen einzelne Gleise auf eine Drehscheibe geführt werden, so ergeben sich die Rechnungen leicht aus dem Vorhergehenden; werden mehrere Gleise auf eine Drehscheibe geführt, so entstehen je nach der Grösse des Winkels, den die Gleisrichtungen bilden, und je nach der Grösse des Drehscheibendurchmessers entweder mehrfache oder einfache oder gar keine Ueberschneidungen. Findet eine Ueberschneidung mehrerer Gleise statt, so kann man für die erforderlich werdenden Herzstücke nur bei den beiden äusseren Gleisen Zwangschienen anbringen; da aus diesem Grunde die Fahrzeuge beim Passiren der übrigen Herzstücke keine Führung haben, so darf man den Herzstückwinkel nicht zu klein wählen und demnach höchstens eine zweifache Ueberschneidung stattfinden lassen.

Bei zweifacher Ueberschneidung entstehen 2 Herzstückreihen. Bezeichnet man den Winkel derjenigen Herzstücke, welche den grössten Abstand von der Drehscheibe haben, mit α, so ist der Winkel der der Drehscheibe zunächst gelegenen Herzstücke $= 2\,\alpha$. Die Anzahl der Herzstücke mit dem Winkel α ist um 1 geringer als die Anzahl der Gleise; die Anzahl der Herzstücke mit dem Winkel $2\,\alpha$ ist um 2 geringer als die Anzahl der Gleise. Soll keine Ueberschneidung stattfinden, so muss der halbe Drehscheibendurchmesser grösser sein als die in Fig. 57 mit e_2 bezeichnete Grösse. Da wir ohne nennenswerthen Fehler den Bogen zwischen 2 Herzstückspitzen gleich der Spurweite S setzen können, so ergiebt sich aus Fig. 57 $S = 2\,e_2\,\pi\,.\,\frac{\alpha}{360}$.

Aus dieser Gleichung ergiebt sich die Bedingung, unter der keine Ueberschneidung stattfindet:

(122) $$\alpha > \frac{360 . S}{d . \pi}.$$

Bei einfacher Ueberschneidung muss der Werth von $\frac{d}{2}$ zwischen den Grössen e_2 und e_1 liegen; hieraus ergiebt sich die Bedingungsgleichung für einfache Ueberschneidung

(123) $$\alpha \begin{matrix} < \frac{360 . S}{d \pi} \\ > \frac{360 . S}{2 d \pi}. \end{matrix}$$

Ebenso findet man für zweifache Ueberschneidung:

(124) $$\alpha \begin{matrix} < \frac{360 . S}{2 d \pi} \\ > \frac{360 . S}{3 d \pi}. \end{matrix}$$

Aus diesen Gleichungen findet man auch die Entfernung e der Herzstücke vom Drehscheibenmittelpunct und zwar ist bei einfacher Ueberschneidung

(125) $$e = \frac{360 . S}{2 \alpha \pi}$$

und bei zweifacher Ueberschneidung

(126) $$e_1 = \frac{360 . S}{4 \alpha \pi} \text{ und}$$

$$e_2 = \frac{360 . S}{2 \alpha \pi}.$$

Gewöhnlich wählt man die Lage der Herzstücke so, dass sich die Schienenaussenkanten der zusammenlaufenden Gleise an der Peripherie berühren. Bezeichnet man die Schienenkopfbreite mit B, so ergeben sich leicht folgende Bedingungs-Gleichungen, bei keiner Ueberschneidung:

(127) $$\alpha = \frac{360 (S + 2 B)}{d \pi},$$

bei einfacher Ueberschneidung:

(128) $$\alpha = \frac{360 (S + 2 B)}{2 d \pi},$$

bei zweifacher Ueberschneidung:

$$\alpha = \frac{360\,(S + 2\,B)}{3\,d\,\pi}. \tag{129}$$

Im Anhang Tabelle VII sind diese vorstehenden Bedingungsgleichungen tabellarisch zusammengestellt und für Drehscheiben von 12 m. Durchmesser und 58 mm. Schienenkopfbreite die Werthe von α und e berechnet.

Beispiele.

1. Auf eine Drehscheibe, deren Durchmesser 11,92 m. bei 58 mm. Schienenkopfbreite ist, sollen 3 Gleise so geführt werden, dass eine einfache Ueberschneidung entsteht und die zusammenlaufenden Schienen sich an der Peripherie mit der Aussenkante berühren. Wie gross ist der Herzstückwinkel zu wählen und in welcher Entfernung vom Drehscheibenmittelpunct muss die Herzstückspitze liegen?

Dem Vorstehenden nach erhält man 2 Hersstücke.

Nach Gleichung 128 ist:

$$\alpha = \frac{360\,(S + 2\,B)}{2\,.\,d\,.\,\pi} = \frac{558{,}36}{74{,}89} = 7{,}455^{0} = 7^{0}\,27'\,18''.$$

Nach Gleichung 125 ist:

$$e = \frac{360\,.\,S}{2\,\alpha\,\pi} = \frac{516{,}60}{46{,}84} = 11{,}029 \text{ m.}$$

2. Auf eine Drehscheibe von 12 m. Durchmesser bei 58 mm. Schienenkopfbreite sollen von einem polygonalen Schuppen aus mehrere Gleise so geführt werden, dass eine zweifache Ueberschneidung entsteht und die zusammenlaufenden Schienen sich an der Peripherie mit den Aussenkanten berühren. Der Schuppen ist so anzulegen, dass an der Stelle der Einfahrtsthore die Entfernung der Gleise von Mitte zu Mitte 4,50 m. beträgt. Es soll berechnet werden (s. Fig. 57):

1. Wie gross ist der Herzstückwinkel α?

2. In welcher Entfernung vom Drehscheibenmittelpunct müssen die Herzstückspitzen liegen?

3. In welcher Entfernung vom Drehscheibenmittelpunct ist der Schuppen anzulegen?

Die beiden ersten Fragen lassen sich direct aus Tabelle VII beantworten; es muss sein: $\alpha = 4{,}937^0 = 4^0\ 56'\ 13''$; die Entfernung der Herzstückspitzen beträgt bei der ersten Reihe 8,327 m., bei der zweiten Reihe 16,653 m.

Die Entfernung des Schuppens muss nach Fig. 57 sein:

$$e = \frac{4{,}50}{2 \,.\, \sin \frac{\alpha}{2}} = \frac{2{,}25}{\sin 2^0\ 28'\ 6''} = 52{,}196 \text{ m.}$$

Anhang.

I. Tabelle (§. 12).

Werthe für verschiedene Herzstückwinkel.

$\mathrm{tg}\,\alpha$	$\frac{1}{7}$	$\frac{1}{8}$	$\frac{1}{9}$	$\frac{1}{10}$	$\frac{1}{11}$	$\frac{1}{12}$
α	8° 7′ 48″	7° 7′ 30″	6° 20′ 25″	5° 42′ 38″	5° 11′ 40″	4° 45′ 49″
$\log \sin \alpha$	9,1505095	9,0935423	9,0430990	8,9978365	8,9568214	8,9193132
$\log \cos \alpha$	9,9956131	9,9966333	9,9973355	9,9978391	9,9982128	9,9934971
$\log \mathrm{tg}\,\alpha$	9,1548964	9,0969090	9,0457634	8,9999972	8,9586086	8,9208160
$\frac{\alpha}{2}$	4° 3′ 54″	3° 33′ 45″	3° 10′ 12″	2° 51′ 19″	2° 35′ 50″	2° 22′ 54″
$\log \sin \frac{\alpha}{2}$	8,8505735	8,7933524	8,7427150	8,6973460	8,6562377	8,6186333
$\log \cos \frac{\alpha}{2}$	9,9989066	9,9991600	9,9993350	9,9994605	9,9995536	9,9996247
$\log \mathrm{tg} \frac{\alpha}{2}$	8,8516675	8,7941924	8,7433801	8,6978855	8,6566841	8,6190086

II. Tabelle (§. 14).

Gerade Zungen.

1. für gerade Ausweichungen, 2. für symmetrische Ausweichungen, wenn die unter R angegebenen Werthe mit 2 multiplicirt werden.

$z = 5$ m.; $p = 0{,}112$ m.; $\gamma = 1^0\ 17' = 0{,}0224$.

Herzstück 1:	G m.	T m.	Differenz	R m.	Differenz	E m.	Differenz
7	1	7,19	0,86	112	15	15,38	0,72
	2	6,33		107		14,66	
	3	5,47		92		13,94	
	4	4,61		77		13,22	
8	1	8,16	0,84	161	17	17,32	0,68
	2	7,32		144		16,64	
	3	6,48		127		15,96	
	4	5,64		110		15,28	
	5	4,80		93		14,60	
	6	3,96		76		13,92	
9	1	9,11	0,83	206	19	19,22	0,66
	2	8,28		187		18,56	
	3	7,45		168		17,90	
	4	6,62		149		17,24	
	5	5,79		130		16,58	
	6	4,96		111		15,92	
	7	4,13		92		15,26	
	8	3,30		73		14,60	
10	1	10,03	0,82	258	21	21,06	0,64
	2	9,21		237		20,42	
	3	8,39		216		19,78	
	4	7,57		195		19,14	
	5	6,75		174		18,50	
	6	5,93		153		17,86	
	7	5,11		132		17,22	
	8	4,29		111		16,54	
	9	3,47		90		15,94	
	10	2,65		69		15,30	
11	1	10,90	0,80	317	23	22,80	0,60
	2	10,10		294		22,20	
	3	9,30		271		21,60	
	4	8,50		248		21,00	
	5	7,70		225		20,40	
	6	6,90		202		19,80	
	7	6,10		179		19,20	
	8	5,30		156		18,60	
	9	4,50		133		18,00	
	10	3,70		110		17,40	
	11	2,90		87		16,80	
12	1	11,75	0,79	382	25	24,50	0,58
	2	10,96		357		23,92	
	3	10,17		332		23,34	
	4	9,38		307		22,76	
	5	8,59		282		22,18	
	6	7,80		257		21,60	
	7	7,01		232		21,02	
	8	6,22		207		20,44	
	9	5,43		182		19,86	
	10	4,64		157		19,28	
	11	3,85		135		18,70	
	12	3,06		110		18,12	
	13	2,27		85		17,54	

III. Tabelle (§. 14).

Gekrümmte Zungen.

1. für gerade Ausweichungen, 2. für symmetrische Ausweichungen, wenn die unter R angegebenen Werthe mit 2 multiplicirt werden.

$p = 0{,}112$ m.; $\gamma = 2^0\ 1'\ 13'' = 0{,}0353$.

Herzstück 1:	G m.	T m.	Differenz	R m.	Differenz	E m.	Differenz
7	1	6,62	0,80	123	15	14,24	0,60
	2	5,82		108		13,64	
	3	5,02		93		13,04	
	4	4,22		78		12,44	
8	1	7,53	0,78	170	18	16,06	0,56
	2	6,75		152		15,50	
	3	5,97		134		14,94	
	4	5,19		116		14,38	
	5	4,41		98		13,82	
	6	3,63		80		13,26	
9	1	8,32	0,76	220	20	17,64	0,52
	2	7,56		200		17,12	
	3	6,80		180		16,60	
	4	6,04		160		16,08	
	5	5,28		140		15,56	
	6	4,52		120		15,04	
	7	3,76		100		14,52	
	8	3,00		80		14,00	
10	1	9,07	0,74	280	22	19,14	0,48
	2	8,33		258		18,66	
	3	7,59		236		18,18	
	4	6,85		214		17,70	
	5	6,11		192		17,22	
	6	5,37		170		16,74	
	7	4,63		148		16,26	
	8	3,89		126		15,78	
	9	3,15		104		15,30	
	10	2,41		82		14,82	
11	1	9,79	0,72	352	26	20,58	0,44
	2	9,07		326		20,14	
	3	8,35		300		19,70	
	4	7,63		274		19,26	
	5	6,91		248		18,82	
	6	6,19		222		18,38	
	7	5,47		196		17,94	
	8	4,75		170		17,50	
	9	4,03		144		17,06	
	10	3,31		118		16,62	
	11	2,59		92		16,18	
12	1	10,47	0,70	436	29	21,94	0,40
	2	9,77		407		21,54	
	3	9,07		378		21,14	
	4	8,37		349		20,74	
	5	7,67		320		20,34	
	6	6,97		291		19,94	
	7	6,27		262		19,54	
	8	5,57		233		19,14	
	9	4,87		204		18,74	
	10	4,17		175		18,34	
	11	3,47		146		17,94	
	12	2,77		117		17,54	
	13	2,07		88		17,14	

IV. Tabelle (§. 24).

Curvenausweichungen. Gerade Zungen.

$z = 5$ m.; $p = 0{,}112$ m.; $\gamma = 1^{0}\ 17' = 0{,}0224$.

α	g m.	E m.	r m.	R m.
1/7	0	16,01	133	∞
	1	15,28	118	
	2	14,55	104	
	3	13,82	89	
	4	13,09	75	
	5	12,36	61	
	10	8,71	—	
1/7	0	16,01	507	180
	1	15,28	347	
	2	14,55	247	
	3	13,82	179	
	4	13,09	130	
	5	12,36	92	
	10	8,71	—	
1/8	0	17,95	175	∞
	1	17,26	158	
	2	16,57	142	
	3	15,87	125	
	4	15,17	109	
	5	14,47	92	
	10	10,99	—	
1/8	0	17,95	6189	180
	1	17,26	1322	
	2	16,57	671	
	3	15,87	406	
	4	15,17	276	
	5	14,47	189	
	10	10,99	—	
1/9	0	19,82	224	∞
	1	19,15	206	
	2	18,49	187	
	3	17,83	168	
	4	17,17	149	
	5	16,50	130	
	10	13,18	36	
1/9	0	19,82	— 927	180
	1	19,15	— 1644	
	2	18,49	— 5686	
	3	17,83	+ 2345	
	4	17,17	849	
	5	16,50	464	
	6	15,84	290	
	7	15,17	189	
	8	14,51	124	
1/10	0	21,62	279	∞
	1	20,98	258	
	2	20,35	237	
	3	19,72	216	
	4	19,09	195	
	5	18,45	173	
	10	15,28	68	

α	g m.	E m.	r m.	R m.
1/10	0	21,62	— 509	180
	1	20,98	— 598	
	2	20,35	— 755	
	3	19,72	— 1093	
	4	19,09	— 2432	
	5	18,45	+ 4638	
	6	17,81	1074	
	7	17,18	485	
	8	16,55	284	
	9	15,92	176	
1/11	0	23,36	341	∞
	1	22,75	317	
	2	22,15	293	
	3	21,54	270	
	4	20,94	247	
	5	20,33	223	
	10	17,31	107	
1/11	0	23,36	— 381	180
	1	22,75	— 416	
	2	22,15	— 464	
	3	21,54	— 538	
	4	20,94	— 662	
	5	20,33	— 917	
	6	19,73	— 1760	
	7	19,12	+ 10100	
	8	18,52	1041	
	9	17,91	468	
	10	17,31	262	
	11	16,71	155	
1/12	0	25,03	411	∞
	1	24,45	386	
	2	23,87	360	
	3	23,29	334	
	4	22,72	308	
	5	22,15	282	
	10	19,27	152	
1/12	0	25,03	— 320	180
	1	24,45	— 338	
	2	23,87	— 361	
	3	23,29	— 391	
	4	22,72	— 434	
	5	22,15	— 499	
	6	21,57	— 608	
	7	20,99	— 833	
	8	20,42	— 1533	
	9	19,84	+ 15486	
	10	19,27	986	
	11	18,69	422	
	12	18,11	180	

V. Tabelle (§. 24).

Curvenausweichungen. Gekrümmte Zungen.

$p = 0{,}112$ m.; $\gamma = 2^{0}\ 4'\ 44'' = 0{,}0363$.

α	g m.	E m.	r m.	R m.
$^1/_7$	0	14,76	139	∞
	1	14,16	124	
	2	13,57	109	
	3	12,97	94	
	4	12,38	79	
	5	11,79	64	
	10	8,82	—	
$^1/_7$	0	14,76	600	180
	1	14,16	393	
	2	13,57	273	
	3	12,97	195	
	4	12,38	140	
	5	11,79	98	
	10	8.82	—	
$^1/_8$	0	16,40	185	∞
	1	15,85	167	
	2	15,30	150	
	3	14.75	132	
	4	14,20	115	
	5	13,65	97	
	10	10,90	—	
$^1/_8$	0	16,40	— 6833	180
	1	15,85	+ 2400	
	2	15,30	899	
	3	14,75	502	
	4	14,20	330	
	5	13,65	216	
	6	13,10	144	
	10	10,90	—	
$^1/_9$	0	17,95	240	∞
	1	17,44	220	
	2	16,93	200	
	3	16,42	179	
	4	15,91	159	
	5	15,40	139	
	10	12.88	39	
$^1/_9$	0	17,95	— 721	180
	1	17,44	— 996	
	2	16,93	— 1821	
	3	16,42	+ 67100	
	4	15,91	1385	
	5	15,40	612	
	6	14,90	350	
	7	14,40	219	
	8	13,89	140	
$^1/_{10}$	0	19,41	305	∞
	1	18,94	282	
	2	18,47	259	
	3	18,01	236	
	4	17,54	213	
	5	17,07	190	
	6	16,60	167	
	10	14.74	75	
$^1/_{10}$	0	19,41	— 440	180
	1	18,94	— 498	
	2	18,47	— 592	
	3	18,01	— 762	
	4	17,54	— 1178	
	5	17,07	— 3550	
	6	16,60	+ 2809	
	7	16,13	702	
	8	15,67	374	
	9	15,20	212	
	10	14.74	127	
$^1/_{11}$	0	20,81	381	∞
	1	20,38	355	
	2	19,95	328	
	3	19,52	302	
	4	19,09	276	
	5	18,66	250	
	6	18,23	223	
	7	17,80	197	
	8	17,37	171	
	9	16,94	145	
$^1/_{11}$	0	20,81	— 341	180
	1	20,38	— 365	
	2	19,95	— 399	
	3	19,52	— 444	
	4	19,09	— 517	
	5	18,66	— 641	
	6	18,23	— 920	
	7	17,80	— 2000	
	8	17,37	+ 3748	
	9	16,94	765	
	10	16,51	354	
	11	16,08	192	
	12	15,65	106	
$^1/_{12}$	0	22,12	471	∞
	1	21,73	442	
	2	21,34	412	
	3	20,95	383	
	4	20,56	353	
	5	20,16	324	
	6	19.77	295	
	7	19,38	265	
	8	18,99	235	
	9	18,59	205	
	10	18,20	175	
	11	17,81	145	
	12	17,41	115	
$^1/_{12}$	0	22,12	— 291	180
	1	21,73	— 304	
	2	21,34	— 320	
	3	20,95	— 340	
	4	20,56	— 368	
	5	20,16	— 408	
	6	19,77	— 467	
	7	19,38	— 568	
	8	18,99	— 785	
	9	18,59	— 1522	
	10	18,20	+ 5466	
	11	17,81	740	
	12	17,41	317	
	13	17,01	162	

VI. Tabelle. §. 27.

Englische Ausweichungen.

Zungenlänge = 5 m.; p = 0,112 m.

α	Kleinstes g m.	γ	Grösstes R m	E m.	L m
$^1/_7$ = 0,1429	1,975	1° 17′ = 0,0224 2° 4′44″ = 0,0363	63 88	6,19	20,243
$^1/_8$ = 0,125	2,253	1° 17′ 2° 4′ 44″	106 163	8,54	23,098
$^1/_{8,5}$ = 0,1177	2,392	1° 17′ 2° 4′ 44″	131 213	9,60	24,525
$^1/_9$ = 0,1111	2,532	1° 17′ 2° 4′ 44″	162 278	10,70	25,953
$^1/_{9,5}$ = 0,1053	2,671	1° 17′ 2° 4′ 44″	196 369	12,06	27,380
$^1/_{10}$ = 0,1000	2,811	1° 17′ 2° 4′ 44″	238 476	13,04	28,808

VII. Tabelle.

a) **Herzstücke bei Drehscheiben** (s. §. 50).

Anzahl der Dreh- scheiben- gleise.	Keine	Einfache	Zweifache
	Ueberschneidung findet statt,		
	wenn	wenn	wenn
	—	$\alpha < \frac{164,44}{d}$	$\alpha < \frac{164,44}{2\,d}$
	$\alpha > \frac{164,44}{d}$	$\alpha > \frac{164,44}{2\,d}$	$\alpha > \frac{164,44}{3\,d}$
	Mögliche Anzahl der Herzstücke		
2	0	1	—
3	0	2	3
4	0	3	5
5	0	4	7
6	0	5	9
7	0	6	11
	und so weiter.		
	Entfernung der Herzstücke vom Drehscheibenmittelpunct:		
	—	$e_1 = \frac{164,44}{2\,\alpha}$	$e_1 = \frac{164,44}{4\,\alpha}$
	—	—	$e_2 = \frac{164,44}{2\,\alpha}$
	Bei Schienenaussenkanten-Berührung an der Peripherie muss sein:		
	$\alpha = \frac{360\,(S + 2\,B)}{d\,.\,\pi}$	$\alpha = \frac{360\,(S + 2\,B)}{2\,d\,.\,\pi}$	$\alpha = \frac{360\,(S + 2\,B)}{3\,d\,.\,\pi}$

b) Herzstücke bei Drehscheiben von 12 m. Durchmesser und 58 mm. Schienenkopfbreite.

Grenzwerthe von α und e bei einfachen und zweifachen Ueberschneidungen.

Einfache Ueberschneidung				Zweifache Ueberschneidung					
α muss sein		e muss sein		α muss sein		e_1 muss sein		e_2 muss sein	
kleiner als	grösser als	kleiner als	grösser als	kleiner als	grösser als	kleiner als	grösser als	kleiner als	grösser als
13,703° (1 : 4,1 . .)	6,851° (1 : 8,3)	12 m.	6 m.	6,851° (1 : 8,3 . .)	4,568° (1 : 12,5 . .)	9 m.	6 m.	18 m.	12 m.

Werthe von α und e bei Schienenaussenkanten-Berührung an der Peripherie:

$\alpha = 7{,}405^0$	$e_1 = 11{,}103$	$\alpha = 4{,}937^0$	$e_1 = 8{,}327$	$e_2 = 16{,}653$
(1 : 7,69 . .)		(1 : 11,58 . .)		

VIII. Tabelle.

Maasse ausgeführter Ausweichungen.

Bedeutung der Buchstaben: l = Zungenlänge; p = Fahrkantenabstand an der Zungenwurzel (äussere Seite der Weichencurve); γ = Winkel zwischen Mutterschiene und Zunge resp. verlängerter Tangente der äusseren Weichencurve an der Zungenwurzel; ξ = Ablenkungswinkel an der Spitze gekrümmter Zungen; R = Radius der Weichencurve; G = Gerade von Herzstückspitze bis zum Anfang der Weichencurve; α = Herzstückwinkel; E = Entfernung zwischen Zungenwurzel und Herzstückspitze; ϱ = Radius der gekrümmten Zunge; g = Entfernung von Zungenspitze der englischen Ausweichungen bis zur Spitze des nächstgelegenen einfachen Herzstücks; b = Schienenkopfbreite.

a) Gerade Ausweichungen mit geraden Zungen.

Lfd. No.	Eisenbahn-Verwaltungen	l	p	γ	R	G	α oder 1:	E	Bemerkungen
1.	Berlin-Anhalt	5,500	0,115	1° 13′ 46″	200,00	3,487	1 : 10	20,221	
2.	do.	do.	do.	do.	180,00	2,320	1 : 9	18,391	
3.	Berlin-Dresden	5,600	0,054 + b	.	300,00	0,762	1 : 11	22,918	
4.	do.	do.	do.	.	225,00	0,742	1 : 10	20,493	
5.	Berlin-Görlitz	5,650	0,111	1° 7′ 38″	251,08	3,700	1 : 11	22,380	
6.	do.	do.	do.	do.	200,86	3,390	1 : 10	20,500	
7.	do.	do.	0,126	1° 11′ 43″	250,00	4,140	1 : 11	21,210	
8.	do.	do.	do.	do.	200,00	3,700	1 : 10	19,400	
9.	Berlin-Hamburg	5,650	0,105	1° 3′ 53″	230,00	4,788	1 : 11	20,868	
10.	do.	do.	do.	do.	215,00	3,088	1 : 10	20,086	Ein kurzes Stück der Zunge von der Wurzel ab ist gekrümmt.
11.	do.	do.	do.	do.	175,00	2,690	1 : 9	18,358	
12.	Berlin-Potsdam-Magdbg.	5,649	0,117	1° 11′ 37″	280,00	3,720	1 : 11,5	22,290	
13.	do.	4,708	do.	1° 25′ 57″	200,00	3,770	1 : 10	19,120	
14.	Berlin-Stettin	5,000	0,112	1° 17′	300,00	2,354	1 : 11	22,934	
15.	do.	do.	do.	do.	240,00	2,410	1 : 10	21,034	
16.	do.	do.	do.	do.	190,00	2,304	1 : 9	19,157	
17.	Breslau-Warschau	5,090	0,120	1° 21′ 2″	200,89	3,500	1 : 10	19,720	
18.	Elsass-Lothringen	5,750	0,118	1° 10′ 33″	227,00	2,360	1 : 10	20,233	
19.	do.	do.	do.	do.	230,00	2,217	1 : 10	20,427	
20.	Frankfurt-Bebra	5,500	0,119	1° 14′ 23″	230,00	2,295	1 : 10	20,193	
21.	Hannoversche	5,030	0,115	1° 19′ 1″	189,86	1,876	1 : 9	18,487	Strecke Frankfurt-Göttingen.
22.	Märkisch Posen	5,650	0,120	1° 12′ 35″	226,00	2,510	1 : 10	20,550	
23.	Magdebg.-Halberstadt	5,650	0,111	1° 7′ 33″	264,00	2,000	1 : 10	circa	
					bis	bis			
24.	do.	4,700	do.	1° 21′ 12″	200,00	1,000	1 : 9	22,500	
25.	Main-Weser	5,485	0,114	1° 11′ 27″	213,00	1,170	1 : 9	20,256	
26.	Mecklbg. Friedrich Franz	5,179	0,111	1° 18′ 7″	376,62	3,694	1 : 13	23,921	
27.	do.	do.	do.	do.	188,31	4,355	1 : 10	18,760	
28.	Militair	5,600	0,054 + b	1° 8′	300,00	1,600	1 : 11	22,843	
29.	do.	do.	do.	do.	225,00	do.	1 : 10	20,418	
30.	Nassauische	5,376	0,111	1° 10′ 58″	210,50	3,603	1 : 10,15	19,915	
31.	Oberschlesische	5,650	0,115	1° 9′ 58″	290,22	2,080	1 : 11	22,448	
32.	do.	do.	do.	do.	229,99	2,275	1 : 10	20,495	
33.	do.	do.	do.	do.	192,94	1,630	1 : 9	19,005	
34.	Oels-Gnesen	5,250	0,057 + b	.	303,00	1,636	1 : 11	22,317	

35.	do.	4,708	do.		251,00	1,500	1 : 10	20,239	
36.	Oldenburgische	5,000	.	.	248,00	1,600	1 : 10,6	20,402	
37.	Pfälzische	5,100	0,110	1° 14′ 8″	300,00	1,820	1 : 11	22,650	
38.	do.	do.	do.	.	192,00	1,788	1 : 9	18,946	
39.	Rechte Oder-Ufer	5,650	0,112	1° 7′ 32″	282,50	1,922	1 : 11	22,583	
40.	Saal	5,000	0,110	1° 16′ 22″	300,00	3,500	1 : 11	24,375	
41.	do.	do.	do.	do.	180,00	3,500	1 : 9	19,824	
42.	Saarbrücker	5,649	0,114	1° 9′ 41″	228,69	2,337	1 : 10	20,445	
43.	Sächsische Staatsb.	4,570	0,116	1° 27′ 14″	250,00	1,450	1 : 10	19,080	
44.	do.	do.	do.	do.	180,00	1,230	1 : 8,5	16,410	
45.	Sächsisch-Thüringische	5,382	0,113	1° 12′ 10″	201,53	3,695	1 : 10	19,500	
46.	Thüringische	5,650	0,116	1° 10′ 34″	205,00	2,140	6° 2′ 14″	19,480	
47.	Weimar-Gera	4,570	0,116	1° 27′ 10″	258,00	1,130	1 : 10	20,382	
48.	do.	do.	do.	do.	190,00	0,562	1 : 8,5	18,093	
49.	Westphälische	5,650	0,112	1° 8′ 9″	280,00	2,263	1 : 11	23,223	
50.	do.	do.	do.	do.	188,00	1,734	1 : 9	19,692	
51.	Alföld-Fiumaner	4,400	0,054 + b	.	300,00	4,430	1 : 10	20,430	
52.	Böhmische Nordbahn	5,000	0,108	1° 15′	227,60	0,750	6° 25′ 44″	20,800	
53.	do.	4,740	0,105	do.	189,60	do.	7° 2′ 28″	18,500	
54.	Buschtehrader	4,899	0,114	1° 10′ 52″	190,00	1,800	6° 20′	18,877	
55.	do.	5,057	0,110	1° 14′ 47″	190,00	1,900	6° 20′	18,730	
56.	Galizische Carl Ludwig	5,000	0,114	1° 18′ 23″	290,00	3,923	4° 54′	22,113	
57.	do.	do.	do.	do.	185,00	4,372	5° 44′ 39″	18,718	
58.	Ferdinands Nordbahn	5,847	0,110	1° 4′ 31″	303,44	0,000	5° 27′ 32″	23,226	
59.	do.	do.	do.	do.	227,58	0,000	6° 16′ 15″	20,649	
60.	do.	do.	do.	do.	189,65	0,000	6° 51′ 4″	19,136	
61.	do.	do.	do.	do.	151,72	0,000	7° 38′ 19″	17,401	
62.	Franz Joseph	4,742	0,057 + b	.	254,50	2,412	5° 28′ 31″	20,630	
63.	Mährisch-Schlesisch	4,900	0,108	1° 48′ 32″	200,00	5,629	5° 25′	18,240	$\xi = 1° 7′ 30″$
64.	Oestreich. Nordwestbahn	4,900	0,110	2° 3′	300,00	4,580	4° 54′	20,320	$\xi = 1° 9′$
65.	do.	do.	do.	1° 52′	200,00	5,710	5° 25′	17,990	$\xi = 1° 9′$
66.	Turnau-Prager	5,000	0,053 + b	.	284,50	.	5° 44′ 51″	23,579	
67.	do.	do.	do.	.	227,50	.	6° 25′ 44″	20,561	
68.	do.	do.	do.	.	189,60	.	7° 2′ 11″	18,333	
69.	Rumänische	5,650	0,060 + b	1° 11′ 12″	250,00	0,000	1 : 10	21,040	
70.	Breslau-Schweidnitz-Freiburg	5,650	0,120	1° 13′	235,50	1,850	1 : 10	20,465	
71.	Prag-Duxer	5,000	0,052 + b	1° 16′ 9″	200,00	1,725	6° 14′	19,068	
72.	do.	do.	do.	do.	do.	0,991	6° 26′	19,112	

Bei den drei Ausweichungen (63.–65.) tangiren die geraden Zungen die Weichencurven **nicht**.

b) Gerade Ausweichungen mit gekrümmten Zungen.

Lfd. No.	Eisenbahn-Verwaltungen	l	p	γ	ξ	R	G	α oder 1:	E	ϱ	Bemerkungen
1.	Badische	4,500	0,120	2° 17′ 30″	.	315,64	3,000	1 : 11	19,000	150	
2.	do.	do.	do.	do.	.	243,67	2,910	1 : 10	17,500	do.	
3.	do.	do.	do.	do.	.	185,91	2,800	1 : 9	15,960	do.	
4.	do.	do.	do.	do.	.	168,57	1,070	1 : 8	15,360	do.	
5.	Bergisch-Märkische	5,000	0,115	1° 54′ 51″	43′ 11″	337,44	1,353	1 : 11	20,612	240	
6.	do.	do.	do.	do.	do.	200,87	1,843	1 : 9	17,300	do.	
7.	Braunschweigische	5,850	0,120	1° 47′ 54″	33′ 25″	300,00	0,260	1 : 10	20,460	270	
8.	Frankfurt-Bebra	5,250	0,114	2° 4′ 47″	24′ 31″	265,70	1,783	1 : 10	18,630	180	Berlin-
9.	Köln-Minden	5,640	0,105	1° 40′ 33″	27′	271,00	1,035	1 : 10	20,012	264	Coblenz.
10.	Marienburg-Mlawkaer	5,180	0,119	1° 56′ 54″	.	228,00	3,176	1 : 10	18,144	228	
11.	Niederschles.-Märkische	5,000	0,113	1° 53′ 44″	36′ 13″	230,00	3,078	1 : 10	18,341	230	Berlin-Nord-
12.	Pr. Ostbahn	5,000	0,113	.	.	200,00	4,442	1 : 10	17,600	200	hausen.
13.	Posen-Creuzburg	5,600	0,107	1° 41′ 32″	29′ 42″	268,00	0,389	1 : 10	19,185	268	
14.	Rheinische	5,180	0,119	1° 56′ 55″	36′ 57″	228,00	3,147	1 : 10	18,110	228	
15.	Saarbrücker	5,250	0,114	2° 4′ 47″	24′ 31″	265,70	1,783	1 : 10	17,968	180	Moselbahn.
16.	Württembergische	4,500	0,120	2° 17′ 30″	.	300,00	.	5° 30′	18,600	150	
17.	do.	do.	do.	do.	.	180,00	.	7° 0′	15,735	do.	
18.	do.	do.	do.	do.	.	150,00	.	7° 30′	14,781	do.	
19.	Aussig-Teplitz	4,930	0,056 + b	1° 53′ 14″	46′ 16″	240,00	0,544	6° 10′	18,489	250	

20.	do.	do.	do.	do.	do.	186,00	0,735	6° 52′	16,871	do.	
21.	Buschtherader	4,899	0,110	2° 1′ 26″	1° 17′ 13″	190,00	2,600	6° 20′	16,867	190	
22.	Kais. Elisabeth	5,057	0,112	2° 1′ 56″	30′ 16″	300,00	4,150	5°	19,800	190	
23.	do.	do.	do.	do.	do.	180,00	4,150	6°	17,000	do.	
24.	Siebenbürger	4,300	0,110	2° 14′ 8″	41′ 43″	200,00	0,870	6° 44′	16,485	160	
25.	Oesterr. Südbahn	4,425	0,117	2° 9′	29′	300,00	5,079	4° 54′	19,432	175	
26.	do.	do.	do.	do.	do.	250,00	4,011	5° 25′	18,216	do.	
27.	do.	do.	do.	do.	do.	200,00	4,885	5° 40′	17,106	do.	
28.	do.	do.	do.	do.	do.	160,00	4,958	6° 14′	15,581	do.	
29.	do.	do.	do.	do.	do.	150,00	1,084	9° 30′	15,023	do.	
30.	Theiss	3,790	0,112	1° 42′	1°	189,65	0,838	6° 44′ 38″	17,580	380	
31.	Ungarische Staats-Eisenb. .	4,300	0,110	2° 42′	14′ 27″	300,00	4,430	4° 21′ 26″	18,330	160	
32.	do.	3,750	0,110	2° 24′	1° 18′	175,00	4,330	6° 6′	15,530	do.	
33.	Ungarische Westb.	4,300	0,110	2° 14′ 8″	41′ 43″	300,00	4,430	4° 51′ 26″	18,330	160	Auch Raab-Oedenburg u. Waagthal-bahn.
34.	Vorarlberger	4,425	0,110	2° 8′ 41″	42′ 15″	237,00	4,594	5° 25′	19,167	176	
35.	do.	do.	do.	do.	do.	160,00	4,495	6° 14′	16,316	do.	
36.	Schweiz. Nordostb.	5,680	0,120	2° 7′ 30″	41′ 25″	300,00	3,180	1 : 11	19,241	166	
37.	do.	do.	do.	do.	do.	200,00	2,050	1 : 9	16,760	do.	
38.	do.	do.	do.	do.	do.	150,00	2,060	1 : 8	15,152	do.	

c) Englische Ausweichungen mit geraden Zungen.

Lfd. No.	Eisenbahn-Verwaltungen	l	p	γ	R	α oder 1:	g	Bemerkungen
1.	Berlin-Dresden	5,600	0,054 + b	.	180,00	1 : 10	3,323	
2.	Berlin-Hamburg	5,650	0,105	1° 3′ 53″	180,00	5° 43′ 29″	3,230	
3.	do.	4,710	do.	1° 16′ 38″	183,00	6° 21′ 35″	2,152	
4.	Berlin-Potsdam-Magdeburg	4,708	0,117	1° 25′ 57″	190,00	1 : 9	2,600	
5.	Berlin-Stettin	5,000	0,112	1° 17′	200,00	1 : 10	4,426	
6.	do.	do.	do.	do.	160,00	1 : 9	3,148	
7.	Frankfurt-Bebra	5,500	0,119	1° 14′ 23″	230,00	1 : 10	3,500	
8.	Hannover	4,674	0,115	1° 29′ 18″	243,84	1 : 9	3,215	
9.	Märkisch-Posen	4,710	0,120	1° 27′ 34″	230,00	1 : 10	3,520	
10.	Magdeburg-Halberstadt	4,700	0,111	1° 21′ 12″	180,00	1:9 u. 1:10	3,770	
11.	Main-Weser	5,485	0,114	1° 11′ 27″	185,00	1 : 10	3,600	
12.	Nassauische	5,376	0,111	.	180,00	1 : 10,15	4,145	
13.	Oberschlesische	5,650	0,115	.	246,75	1 : 10	4,215	Zunge von der Wurzel
14.	Oldenburg	4,000	.	.	125,00	1 : 7,5	2,280	ab auf 2,752 m. gebogen.
15.	Rechte Oder-Ufer	5,650	0,112	.	.	1 : 10	4,250	
16.	Saal	5,000	0,110	1° 16′ 22″	180,00	1 : 9	2,500	
17.	Sächsische Staatsb.	5,486	0,116	1° 12′ 40″	173,00	1 : 10	6,400	
18.	Sächsisch-Thüringische	5,432	0,113	1° 12′ 10″	172,03	1 : 10	4,028	
19.	Weimar-Gera	4,570	0,116	1° 27′ 10″	195,00	1 : 10	4,092	
20.	Dux-Bodenbach	4,900	0,050 + b	.	200,00	5° 25′	5,741	
21.	Mährisch-Schlesisch	4,900	0,108	1° 48′ 32″	200,00	1 : 10	3,550	ξ = 1° 7′ 30″ } Bei diesen beiden Ausweichungen tangiren die geraden Zungen die Weichencurve nicht.
22.	Oestr. Nordwestb.	4,900	0,110	2° 3′	200,00	5° 25′	6,094	ξ = 1° 9′
23.	Breslau-Schweidnitz-Freiburg	5,650	0,120	1° 13′	.	1 : 10	3,975	

d) Englische Ausweichungen mit gekrümmten Zungen.

Lfd. No.	Eisenbahn-Verwaltungen	l	p	γ	ξ	R	α oder 1:	ϱ	g	Bemerkungen
1.	Badische	4,500	0,120	2° 17′ 30″	.	166,36	1 : 8	150	3,250	
2.	Bergisch-Märkische	5,000	0,115	1° 54′ 51″	43′ 11″	199,23	1 : 9	240	3,612	
3.	Berlin-Anhalt	5,055	0,122	1° 54′ 32″	1° 15′ 31″	200,00	1 : 10	200	4,423	
4.	do.	do.	do.	do.	do.	do.	1 : 9	do.	3,858	
5.	Braunschweigische	3,720	0,154	2° 53′ 58″	1° 49′ 58″	200,00	1 : 7,115	200	2,730	
6.	Elsass-Lothringen	5,750	0,135	1° 45′ 24″	56′ 57″	230,00	1 : 10	230	4,250	
7.	Frankfurt-Bebra	5,250	0,114	2° 4′ 47″	24′ 31″	317,35	1 : 10	180	4,860	Berlin -
8.	Köln-Minden	5,640	0,105	1° 40′ 33″	27′	230,00	1 : 10	264	4,041	Coblenz
9.	Marienbg.-Mlawkaer . . .	5,180	0,119	1° 56′ 54″	.	228,00	1 : 10	228	.	
10.	Meckbg. Friedrich Franz . .	5,179	0,126	.	1° 18′ 17″	188,31	1 : 10	188,31	2,945	
11.	Niederschl. Märkische . . .	5,000	0,113	1° 53′ 44″	36′ 13″	275,00	1 : 10	230	4,805	Berlin -
12.	Pr. Ostbahn	5,000	0,113	.	.	200,00	1 : 10	200	6,310	Nordhausen
13.	Posen-Creuzburg	5,600	0,107	1° 41′ 32″	29′ 42″	268,00	1 : 10	268	4,858	
14.	Rheinische	5,180	0,119	1° 56′ 55″	36′ 57″	228,00	1 : 10	228	4,760	
15.	Saarbrücker	5,649	0,114	59′ 25″	28′ 15″	250,00	1 : 10	230	4,442	
16.	Thüringische	5,650	0,116	1° 8′ 45″		195,00	6° 2′ 14″	195	2,610	
17.	Westphälische	5,650	0,112	.	1° 8′ 9″	293,17	1 : 11	195	2,713	
18.	do.	do.	0,131	.	do.	195,00	1 : 9	do.	3,027	
19.	Württembergische	4,500	0,120	2° 17′ 30″	.	.	7°	150	3,420	
20.	Aussig-Teplitz	4,930	0,056 + b	1° 53′ 14″	46′ 16″	240,00	6° 10′	250	3,472	
21.	Oestr. Südbahn	4,425	0,117	2° 9′	29′	.	.	175	5,500	
22.	Schweiz. Nordostbahn . . .	5,680	0,120	2° 7′ 30″	41′ 25″	180,00	1 : 9	166	4,068	

Additional material from *Gleisberechnungen mit Tabellen und aus der Praxis entnommenen zahlreichen Beispielen*, ISBN 978-3-662-39103-7, is available at http://extras.springer.com